无铅软钎焊技术基础

Introduction to Lead-free Soldering

〔日〕菅沼克昭 著

刘志权 李明雨 译

科学出版社

北 京

图字：01-2016-3856 号

内 容 简 介

软钎焊的历史悠久，至少有 5000 年。但在这漫长的时间里，软钎焊都被认为是"低温下的简单连接技术"，因此这方面的学术研究屈指可数。近年来，随着机电产业的高速发展，高度可靠的连接技术也越发重要，可以说是高附加值制造产业的支柱。软钎焊技术的无铅化虽然需要克服许多困难，但封装产业可预见的高附加值依旧成为了该技术发展的动力。可以说，21 世纪是无铅软钎焊的时代，也是我们重新认识连接可靠性的重要契机。本书第一部分第 1~6 章主要为软钎焊理论基础，第 7 章介绍了软钎焊工艺。第二部分总结了封装可靠性的评判标准和失效行为。为实现高附加值的封装技术，本书近半篇幅用于可靠性的讨论。本书各章节相互独立，力求使读者能在最短的时间内获得有益的信息，因此不必受章节的约束，敬请自由阅读。

本书适合材料科学与工程相关领域科研工作者、大学教师及本科生和研究生学习和参考。

NAMARI FREE HANDAZUKE NYUUMON-INTRODUCTION TO LEAD-FREE SOLDERING
by Katsuaki Suganuma
Copyright © *Katsuaki SUGANUMA et. al* 2013
All rights reserved.
Original Japanese edition published by Osaka University Press
Simplified Chinese translation copyright © 2017 by China Science & Media Ltd. Press
This Simplified Chinese edition published by arrangement with Osaka University Press, Osaka, through HonnoKizuna, Inc., Tokyo, and Shinwon Agency Co. Beijing Representative Office, Beijing

图书在版编目（CIP）数据

无铅软钎焊技术基础 /（日）菅沼克昭著；刘志权，李明雨译. —北京：科学出版社，2017.6
书名原文：Introduction to Lead-free Soldering
ISBN 978-7-03-053129-2

Ⅰ.①无⋯　Ⅱ.①菅⋯　②刘⋯　③李⋯　Ⅲ.①钎焊　Ⅳ.①TG454

中国版本图书馆 CIP 数据核字（2017）第 126706 号

责任编辑：钱　俊 / 责任校对：张凤琴
责任印制：张　伟 / 封面设计：无极书装

科学出版社出版
北京东黄城根北街 16 号
邮政编码：100717
http://www.sciencep.com

北京虎彩文化传播有限公司 印刷
科学出版社发行　各地新华书店经销
*
2017 年 6 月第 一 版　　开本：720×1000　B5
2019 年 7 月第三次印刷　　印张：10 1/2
字数：200 000
定价：68.00 元
（如有印装质量问题，我社负责调换）

译　者　序

　　进入 21 世纪，以智能手机为代表的电子产品走入了千家万户，在对人们学习、工作和生活带来深刻影响的同时，也越发引起人们对其性能和可靠性的关注。电子产品制造过程中的一道重要工序是"微电子封装"，而"软钎焊"则是其中一项关键的封装技术。软钎焊的应用历史虽然悠久，但适应环保要求的"无铅软钎焊"技术在 20 世纪末才开始投入量产，目前主要应用于消费电子领域，尚未推广至可靠性要求更高的汽车电子、航空航天电子等产品领域。为适应电子产品小型化、多功能化和高可靠度的发展需求，基于无铅软钎焊技术的基础研究和应用开发在全球范围内仍方兴未艾。

　　中国在半导体和集成电路领域的制造技术与世界先进水平相比仍有很大的差距，提高相关技术水平是从"制造大国"向"制造强国"转变过程中必须创新发展的重点。值得欣慰的是，在国家科技重大专项及国家集成电路产业投资基金的支持引导下，近年来我国的集成电路产业得到蓬勃发展，相关微电子封装测试企业已经能够跻身世界前列。即便如此，我们仍然不可掉以轻心，还需要不断学习国际先进技术，在微电子封装领域提高自主创新能力、加强质量品牌建设、全面推行绿色制造。

　　长期以来,日本的电子产品制造技术位于世界前列，在无铅软钎焊的基础研究和产业应用方面都有深厚的积淀，本书两位译者在日本留学期间对此有深刻的体会。本书的作者菅沼克昭（Suganuma Katsuaki）是日本大阪大学教授，曾任日本无铅焊料电子封装学会主席及日本印刷电子协会主席等职，在无铅焊料、微电子封装和印刷电子等领域造诣颇深。译者之一刘志权曾在其研究室做高级访问教授，与作者有深入的交流与讨论，感触于日本先进制造技术所根植的丰厚研究土壤，认为有必要将这本兼顾学术理论与技术应用的书介绍给国内读者，以促进软钎焊这项古老的低温连接技术在中国大地上继续焕发出新的活力。

本书具有通俗易懂和系统完整的特点：（1）既阐述学术研究的基本理论，又指明工程技术的解决对策；（2）既关注产品制造中的可靠连接，又强调产品使用中的寿命评价；（3）既总结了当前已有研究成果，也指出了尚存问题和今后方向。因此，本书不失为大学微电子封装相关专业教科书的首选，也是相关领域科研人员和工程师不可多得的参考书。

在本书出版过程中，日本大阪大学的高悦同学、张昊博士、酒金婷博士参与了部分翻译工作，中国科学院金属研究所的吴迪女士、李财富博士和江苏师范大学的张亮博士参与了部分校对工作，在此向他（她）们表示由衷的感谢！

由于译者水平有限，书中难免存在不妥和疏漏之处，还请广大读者和同行批评指正。

译　者

2017 年 5 月

前　言

　　钎料的历史可以追溯到青铜器时期，也是如今庞大的机电产业中不可或缺的电气连接用基础材料。一直以来，锡铅共晶合金占据着焊料的主导地位。但是随着环保观念深入人心，锡铅焊料的使用逐步受到限制。焊料的无铅化在 20 世纪末得到实现，如今的市售电子产品已经换用了以锡-银-铜合金为主的无铅焊料。近年来，对工业产品的要求不断提高，电子设备的长期稳定性成为大家关注的焦点，而电子产品的故障主要出现在连接部分。随着电子工业产品逐渐向小型化、精密化发展，对连接可靠性的要求达到了前所未有的高度。如今"软钎焊"在电子产品生产中的地位已经发生了极大的改变，因此有关技术人员必须加深对软钎焊机理的理解，从而强化对软钎焊过程的控制，以实现电子封装工艺的高可靠性。

　　2000 年前后的电子产品无铅化之初，无论哪家公司都不希望在无铅焊料推广中落于人后，因此对各种产品的连接可靠性都进行了充分的检查以确保不漏过最细微的缺陷（针尖般大小的缺陷不在少数）。这种严谨的检查不仅限于焊料无铅化的推广，事实上每个新技术的推广应用都必然经历这个过程。因此不少先进封装企业在焊料无铅化的过程中，时有类似"生产效率提高""失效率降低"关键词的报道见诸报端。基于焊料无铅化，工厂对焊接过程的严格管控使得产品连接的强度和可靠性都得到了提高。换句话说，工厂严格管理对产品质量提高有着显著的效果。但反言之，在无铅焊料尚未普及的时代，为了节约成本，追求利益最大化，工厂管理的混乱程度不难想象。也因为如此，对焊料金属自身性能（如锡的特性）的基础研究其实还远远不够。

　　在无铅软钎焊技术的推行过程中，出现了许多始料未及的难题，如焊点剥离（lift off）、热裂（hot crack）等失效行为，随着对其形成机理的深入研究，其缺陷的产生已在一定程度上得到抑制。目前的热点问题来自于晶须（whisker）的形成，以及功率器件中封装体的电迁移问题。早在 20 世纪 50 年代，晶须就导致了世界上大多数电子产品（以电话交换机为主）的故障，而直到 21 世纪初，我们才大致理解了其形成的机理。焊料无铅化也不例外，出现了很多深刻的产品故障问题。例如，在高可靠性电路板生产中经常使用的化学镀镍技术，就导致了被称为"黑焊盘"（black pad）现象的故障失效。根据最近的研究，这种失效基于两种原因：电镀液的管理不善和回流焊的恶劣条件。可见，不能一味追求利益最大化而忽视管理的严格性，否则会最终掉进产品故障的陷阱里。

软钎焊的历史悠久，至少有 5000 年。但在这漫长的时间里，软钎焊都被认为是"低温下的简单连接技术"，因此这方面的学术研究屈指可数。近年来，随着机电产业的高速发展，高度可靠的连接技术也越发重要，可以说是高附加值制造产业的支柱。软钎焊技术的无铅化虽然需要克服许多困难，但是封装产业可预见的高附加值依旧成为了该技术发展的动力。可以说，21 世纪是无铅软钎焊的时代，也是我们重新认识连接可靠性的重要契机。

在无铅软钎焊的理论和可靠性都越发得到关注的今天，我能有执笔此书的机会，甚感荣幸。本书第一部分第 1～6 章主要为软钎焊理论基础，第 7 章介绍了软钎焊工艺。第二部分总结了封装可靠性的评判标准和失效行为。为实现高附加值的封装技术，本书近半篇幅用于可靠性的讨论。这本书为笔者之前两本拙作《はじめてのはんだ付け技術》和《はじめての鉛フリーはんだ付けの信頼性》的总结和更新，由于软钎焊科学技术的发展日新月异，许多该领域的新现象，本书无法一一囊括，还请读者见谅。本书各章节相互独立，力求使读者能在最短的时间内获得有益的信息，因此不必受章节的约束，敬请自由阅读。

最后，我要对最初给我执笔机会，最后耐心等待定稿的大阪大学出版社的栗原佐智子女士，表示深深的感谢。另外，我也要感谢无私提供数据的各位，没有你们本书无法完成。同时也对实验室诸位平时的帮助表示感谢。本书如果能对生产现场的技术人员，或者是致力于无铅软钎焊机理和可靠性的研究人员有所裨益，则为笔者的无上光荣。

菅沼克昭

2013 年 5 月

目　　录

第二部分　软钎焊的可靠性

第一部分

无铅软钎焊的基础与实践

第1章
软钎焊的历史

1.1　焊料的起源

金属的焊接，就是将难于加工的金属构件或不同材质的金属零件为实现成品化而进行的最后连接的加工工艺。含锡（Sn）合金拥有熔点低（约 200℃）、焊接性好的优点，因此在历史上被广泛地使用。但人类历史上最早实用化的焊接材料却不是软钎料的锡合金，而是熔点较高的硬钎料银合金，至今保留在考古出土的一些古代装饰品上。这是因为人类文明的起源——四大文明古国所在的位置都没有较大的锡矿，金矿和银矿却广泛地分布于这些地区。例如，历史悠久的美索不达米亚和古埃及就有丰富的金矿和银矿，而锡矿只盛产于离这两大文明较远的印度和马来西亚地区。除来源困难外，锡比金、银等贵金属活泼，在自然界主要以化合态存在，提炼锡矿需要高度的金属提炼技术，而金、银等贵金属在自然界的存在较为稳定，稍加提炼就可获得较纯的合金。因此，用于软钎焊的钎料出现的时间较硬钎料晚。即便如此，软钎料的实用历史仍然可以追溯到青铜器时期，图 1.1 是结合考古学研究结果绘制的日本软钎焊历史年表[1, 2]。

图 1.2 所示的是美索不达米亚时代的铜碗手柄软钎焊图片。根据所藏单位大英博物馆的分析报告，钎料组成为锡-银合金及锡-铜合金。这与我们今天所推崇的无铅焊料成分相近。当然，那时钎料中无铅的原因并不是出于环境的考虑，而是推测铅在当时由于冶炼条件的限制而产量过少。在古埃及晚期（公元前 1350 年）的国王随葬品中，采用软钎焊工艺的艺术品也很常见。随

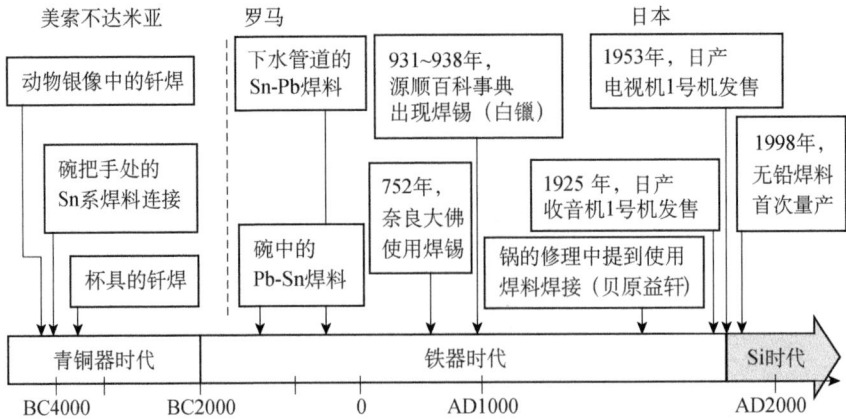

图 1.1　软钎焊焊料的发展历史

着时代的发展，各种软钎焊技术及方法也得到开发，锡合金焊料也越来越得到重视。罗马帝国统治时期（公元前 350 年）是软钎焊发展的黄金时代，大量的软钎焊作品被发现。正是这时，发明了为后世所沿用的锡铅共晶合金（Sn-38%Pb）。当时著名的历史学家 Plimus 在其反映当时生活的百科著作中提到了各种各样的商品制造技术[3]，其中就有利用锡铅合金焊接排水管的工艺记录，而与描述相符的焊接实物也被发掘，现藏于大英博物馆。而根据此时代发掘出的历史古籍我们也能窥见当时的生活状况，而在同时代的著名医者希波克拉底（Hippocrates）的典籍中，我们可以惊讶地发现有着铅矿矿工铅中毒的记录，可见铅对人体的毒害性，至少两千年前就已被发现。

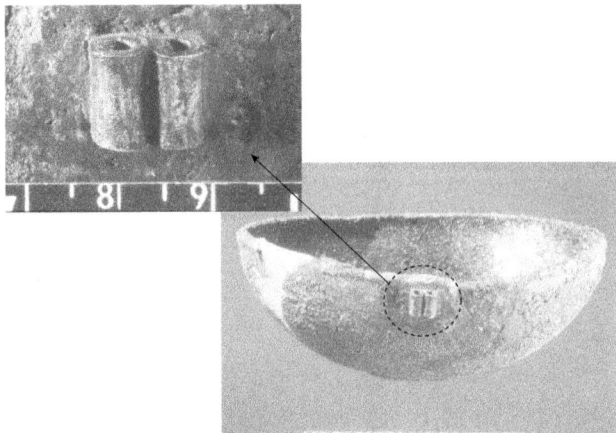

图 1.2　Cu 碗上 Ag 把手的软钎焊连接（大英博物馆提供）

约公元前 3500 年，埃兰（Elamite）时代东方文化中软钎焊技术的起源因历史记录的缺乏已不可考证。但公元前1000 年的华夏文明，即殷王朝的遗址中就已发掘出青铜制的器具。可以认为此时代就是东方软钎焊历史的起源。图 1.3 是上海博物馆展出的带有软钎焊拉环的青铜酒壶，这件器物年代约为公元前 300 年，距今已有两千多年的历史了。

图 1.3　上海博物馆所藏酒壶，图示圆环处为软钎焊连接（公元前 475～221 年）

1.2　日本的软钎焊历史

很遗憾，有关日本软钎焊的起源，古籍中没有详细记载。只能通过考古发掘出的金属装饰物来判断，可惜这方面的研究也没有下文。据古籍记载，奈良时代的东大寺大佛的制造中使用了合金钎料，因此可以推测当时的日本人已经掌握了成熟的软钎焊工艺。可以推测中国的铁器青铜器文明传入日本的同时，也带来了软钎焊工艺的革命。

日本明确记载软钎焊技术的最早记录是平安时代中期，源顺所著的《和名类聚抄》（此书也被认为是日本最早的百科全书）中就提到了"白镴"（锡铅合金）的使用。1705 年出版的《万宝鄙事记》是江户时代作家，贝原益轩所著的描绘民生的著作。其中的"器材"部分就有软钎焊的相关内容，原文为"镴接"（意译：铜器开裂的地方，可以使用松脂作为助焊剂焊接）[4]。从温度和使用松脂作为焊剂的明确记录来看，软钎焊已在当时的日本得到广泛应用。

1925 年（大正 14 年），矿石收音机实现国产化，价格为 3 日元 50 钱，图 1.4 为夏普产矿石收音机及电视 1 号机。同年 6 月 1 日，NHK 开始播放，当时统计有 5455 户收听，每月收听费 1 日元。战后，电视取代收音机成为时代主流。1953 年黑白电视机实现量产，价格为 175 000 日元，在当时可谓天价。同年 2 月 1 日，NHK 开始播放电视节目。尽管每天只播放 4 小时，用户仅有 866 户每月花费 200 日元，但由于多数用户都是商家为招揽生意而设置的公开电视，所以还是掀起了一阵潮流。可以说这一年就是日本的家电元年。

图 1.4　夏普产矿石收音机及电视 1 号机

1955 年前的收音机并没有电路基板，而是采用零部件直接以软钎焊互连的方式组装。1960 年后，使用基板的封装技术才开始流行。图 1.5 是世界上第一台全晶体管电子计算器夏普 CS-10A，这台计算器的基板上集成了 530 个三极管，2300 个二极管，售价 535 000 日元。而现在的计算器只有手心大小，使用一个 LSI 演算，其性能也远超从前。这台计算器的基板上有明显的手工焊痕迹，令人回想起当时女工排成一列工作的场景。此时期东京举办了奥运会，大阪的万博会也正式开幕，彩色电视也开始普及，日本进入高速成长期，此时日本的电子产业实际上已立于世界顶点。

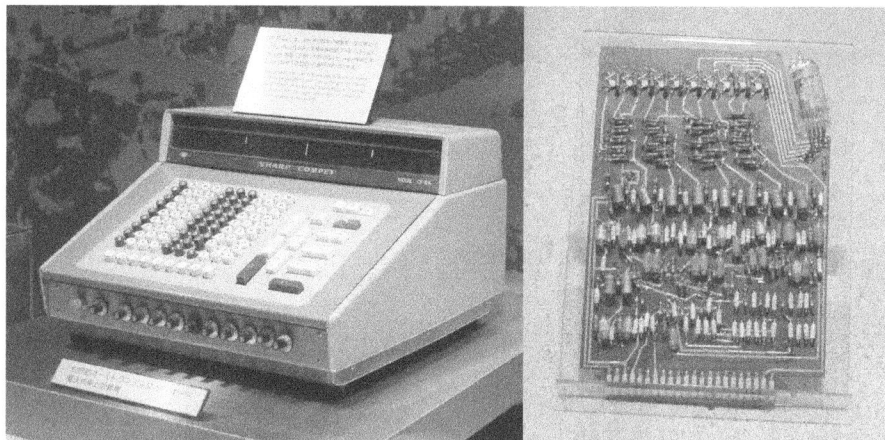

图 1.5　夏普产计算器 1 号机及其电路板

1.3　软钎焊的无铅化

1998 年，欧洲开始制定了 WEEE 家电循环利用指令（后制定了 RoHS 有害元素使用规则），书面禁止了含铅焊料的使用。虽然此指令用时 5 年才得以实施，但是却扣响了无铅化的发令枪。美国虽然早在 1990 年就开始检讨无铅化，却一直无法成文。直到针对车载器件的"ELV"法令和针对家电的 WEEE/RoHS 指令的相继出台，无铅、环保的观念才开始在世界上传播。日本的产业界当然敏感地捕捉到了这一信息，开始推行自己的无铅化体制。2006 年 7 月 1 日，欧洲 25 国联合制定无铅化软钎焊的规章。日本的企业早有准备，顺利度过了这一转折期[5, 6]。相对而言，其他国家，特别是中国的企业，由于缺乏应对措施，出口额一时处于停滞状态。

1998 年 10 月，无铅软钎焊技术的量产得以实现。图 1.6 是世界上最早使用无铅回流焊技术的 MD 播放机，可以说是工业上的又一个里程碑。这一实用化的消息不久就传播开来，引起了世界范围内的广泛关注。笔者也在发售后的第三天购买了此产品，该产品基板的封装使用了无铅焊料中的一种

Sn-Ag-In-Bi 合金。次年又出现了 Sn-Zn-Bi 系焊料，较前者而言更适合于低温焊接。图 1.7 是世界上最早使用 Sn-Zn 系焊料封装的笔记本电脑。其实严格说来，"世界上最早"多少有些语病，1970 年 Sn-Bi 系和 Sn-Ag 系焊料就已实现实用化，只是当时还没有"无铅软钎焊"这个概念罢了。Sn-Bi 合金是低温焊接不可或缺的合金种类之一，而 Sn-Ag 合金有着优秀的耐热性和耐热疲劳性能，广泛地用于汽车零部件的生产。如果真正严格追溯，最早使用无铅焊料的是前文所提到的美索不达米亚人民。

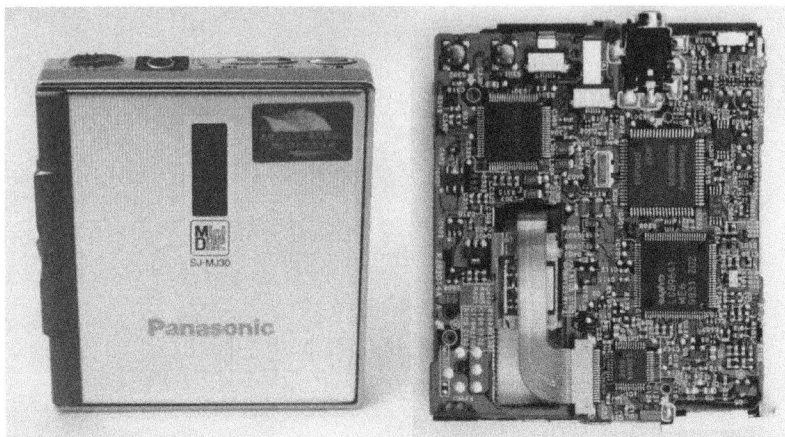

图 1.6　世界最早的回流焊量产 Mini Disc 播放机（松下电器）

图 1.7　Sn-Zn 焊料所制造的笔记本电脑

20 世纪后，Sn-Ag-Cu 和 Sn-Cu 焊料成为了封装产业的主流，部件、基板的无铅化也基本完成，目前的研究工作主要专注于如何实现无铅软钎焊的低温化。低温焊接是软钎焊技术成熟的标志，不仅是考虑环保问题。焊接温度直接影响到能耗、成本以及半导体元件高温烧蚀失效的概率，因此受到了广泛关注。另外，高附加值封装产业中的超耐热封装，如必须拥有超高可靠性的电力枢纽，要求焊接接头在 150℃以上的环境中工作，封装技术的研究者在这些领域内仍大有作为。

在本章的最后，表 1.1 介绍了世界上主流无铅焊料的成分以供参考。数据来源于 JIS Z 3282《はんだ-化学成分及び形状》，3283 修正案《やに入りはんだ》，以及 ISO 国际标准（ISO 9453 Soft solder alloys - Chemical compositions and forms）[7]。

表 1.1　世界上常用无铅焊料合金体系

合金系	合金组成/wt%△	熔点/℃	备注
纯 Sn	Sn	232	纯度 3N（99.9%）
Sn-Ag 系	Sn-(3～4)Ag	221～	Sn-3.5Ag 为共晶成分，随 Ag 量增加液相线温度稍有上升
Sn-Cu 系	Sn-0.7Cu-(0～1)Ag	227～	Sn-0.75Cu 为共晶成分，随 Ag 量增加液相线温度略有浮动；增加 Cu 含量可以作为高温焊料
Sn-Ag-Cu 系	Sn-(3～4)Ag-(0.5～1)Cu	217～	Sn-3Ag-0.5Cu 为日本标准焊料；Sn-4.0Ag-0.5Cu 为自由专利，无定论；可添加微量 Bi，Ni 及稀土元素
Sn-Bi 系	Sn-58Bi-(0～1)Ag	139～	Sn-58Bi 为共晶成分；Ag 能改善其特性，但会导致熔点上升
Sn-In 系	Sn-52In	118	共晶成分
Sn-Ag-In 系	Sn-3.5Ag-(4～8)In-0.5Bi	206～	拥有较大的固液两相共存区域
Sn-Zn 系	Sn-9Zn Sn-8Zn-3Bi	199 190	共晶成分；拥有固液两相共存区域
Sn-Sb 系	Sn-5Sb	240	拥有固液两相共存区域

△：wt%代表重量百分比。

参 考 文 献

［1］大英博物館資料より．
［2］P. Craddock：*MASCA Journal*，**3**（1984），1.
［3］中野定雄，中野里美，中野美代(訳)『プリニウスの博物誌』(the Natural History)，雄山閣（1986）．
［4］貝原益軒，『萬宝鄙事記』（1704）．
［5］菅沼克昭『はじめてのはんだ付け技術』技術調査会（2004）．
［6］菅沼克昭『鉛フリーはんだ付け技術』技術調査会（2001）．
［7］JIS ハンドブック．

第 2 章
焊料的相图与组织

本章主要介绍焊料的种类和组织特征。首先我们先以传统的 Sn-Pb 共晶焊料为例，对相图与组织的观察使用方法进行总结。随着欧洲对铅的限制日益加强，不久的将来 Sn-Pb 焊料将会退出历史舞台，仅在航天等特殊领域继续使用。但是 Sn-Pb 共晶合金无论相图还是组织都较为简单，是理解软钎焊原理的最佳范本。

所谓合金相图，是用来表示相平衡系统的组成与一些参数（如温度、压力）之间关系的一种图，可以获得特定合金的基础性质并能够预测其物性。本书继 Sn-Pb 相图之后，将会介绍具有代表性的无铅焊料的相图及其组织。

2.1　焊料的种类与相图

2.1.1　焊料的种类和标准

Sn-Pb 共晶焊料在封装产业中开始使用后，为了适应各种应用条件，其组分一直发生着变化。具体可大致分为：Sn-Pb 共晶焊料，高含铅量高温焊料，含 Bi 低温焊料。表 2.1 列出了日本工业标准所给定的 Sn-Pb 系焊料合金的成分和熔化温度[1]，表 2.2 是标准低温焊料。JIS 标号为：焊料——Z3282；加入松脂的焊料——Z3283；焊膏——Z3284。无铅焊料标准归为 Z3282 类，无铅的界定范围是铅含量小于 1000ppm[①]。

表 2.1　JIS 制定的焊料合金种类 [1]

合金系		组成/wt%	固相线温度 /℃	液相线温度 /℃	JIS 标号
锡铅焊料	Sn-Pb 系	Sn-5Pb	183	224	H95A
		Sn-37Pb	183	184	H63A，E
		Sn-40Pb	183	190	H60A，E
		Sn-50Pb	183	215	H50A，E
		Sn-55Pb	183	227	H45A
		Sn-60Pb	183	238	H40A
		Sn-65Pb	183	248	H35A
		Sn-70Pb	183	258	H30A
		Sn-80Pb	183	279	H20A
		Sn-90Pb	268	301	H10A
		Sn-95Pb	300	314	H5A
	Sn-Pb-Bi 系	Sn-40Pb-3Bi	175	185	H57Bi3A
		Sn-46Pb-8Bi	175	190	H46Bi8A
		Sn-43Pb-14Bi	135	165	H43Bi14A
	Sn-Pb-Ag 系	Sn-36Pb-2Ag	179	190	H62Ag2A
		Sn-1.5Ag-1Sn	309	309	H1Ag1.5A
无铅焊料	Sn-Sb 系	Sn-5Sb	235	240	S50
	Sn-Cu 系	Sn-0.7Cu	227	228	C7
	Sn-Ag 系	Sn-3.5Ag	221	221	A35
	Sn-Ag-Cu 系	Sn-3Ag-0.5Cu	217	219	A30C5
	Sn-Ag-In-Bi 系	Sn-3.5Ag-8In-0.5Bi	196	206	N80A35B5
	Sn-Zn 系	Sn-9Zn	198	198	Z90
	Sn-Zn-Bi 系	Sn-8Zn-3Bi	190	196	Z80B30
	Sn-Bi 系	Sn-58Bi	139	139	B580
	Sn-In 系	Sn-48In	119	119	N520

---

① 1ppm=1mg/L。

表 2.2　代表性的低温焊料

合金组成	熔点/℃	别名
12.5Sn-25Pb-50Bi-12.5Cd	70～74	Wood Metal
34Bi-66In	72.4	
18.7Sn-31.3Pb-50Bi	95	Newton Metal
48Sn-52In	117	Rose Metal
43.5Pb-56.5Bi	128	
In	157	

2.1.2　焊料相图的使用方法

图 2.1 是 Sn-Pb 二元合金的平衡相图（以下简称相图）[2]。凭借相图，给定温度和合金组成就能够推断出合金的组织，甚至能推断出焊接后不同种材料形成的中间层组织。相图在材料设计和组织控制中的作用非常之大，因此掌握相图的使用方法非常重要。

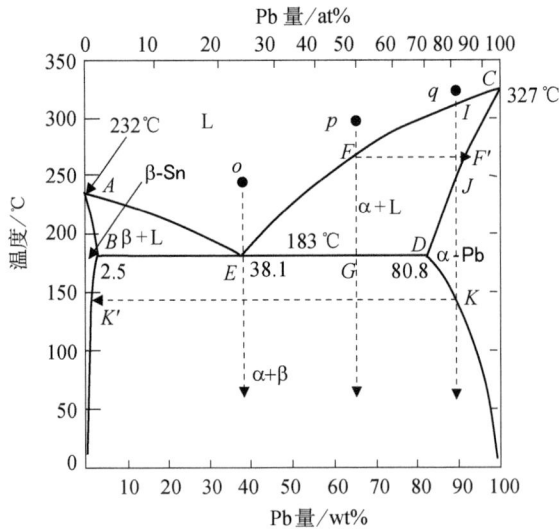

图 2.1　Sn-Pb 二元合金相图

首先，相图中 *AEC* 曲线（液相线）以上的区域为液相区，*AEC* 线与 *ABEDC* 线围成的区域为固液两相共存区，其他区域为固相区。*o*、*p*、*q* 分别表示 Sn-38Pb、Sn-65Pb、Sn-90Pb 合金。点 *E* 为合金的共晶点，所谓锡铅共晶焊料就是此点所示的 Sn-38Pb 合金，从此点开始增加 Pb 的含量会导致液相线的温度上升。Pb 含量增加到 80.8% 以后固相线温度将急剧上升，直至 Pb 的熔点（327℃，点 C）。因此高温焊料使用的合金含铅量较高。

　　类似于图 2.1 的相图称为共晶相图。"共晶"指的是金属液相同时转变为两种（当然也有三种或以上）固相的现象。为了方便，可以结合图 2.2 理解以下内容。具体如图 2.1 中 o 点虚线所示，液体首先缓慢冷却到 183℃ 共晶点（点 E）。当液相进一步冷却时，直接生成 B、D 两种固相，在一瞬间完成凝固。虽然凝固金属宏观组分为 61.9wt%Sn-38.1wt%Pb，实际上微观组织是由 Sn-2.5wt%Pb（点 B）和 Pb-19.2wt%Sn（点 D）微观相穿插而成的片层组织。这种共晶转变的特征组织被称为片层组织，Au-Sn 焊料中也能观察到。

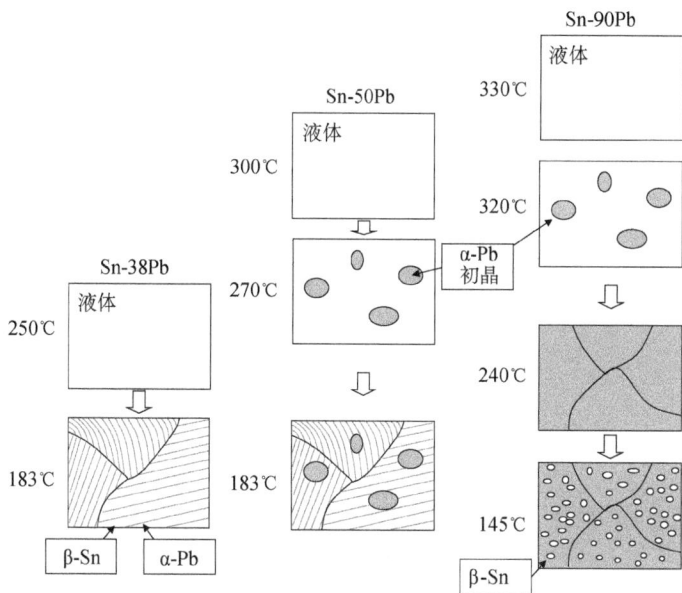

图 2.2　Sn-Pb 焊料的凝固组织模型

　　点 p 偏离共晶点。从 300℃ 冷却时，先到达液相线上的 F 点（约 270℃）。此时固体开始从液相中析出，过 F 点作水平直线，其与固相线的交点 F' 即为其成分（约为 Sn-93Pb）。这种最初出现的固相称为初晶，也被称为 α 相，随着温度降低，α 相逐渐长大，最终到达固相线上的 G 点，剩余的液相全部凝固，其组分为 D 点的 α 相（Sn-80.8Pb）和 B 点的 β 相（Sn-2.5Pb），这部分的组织在金相显微镜下显示为细小的片层组织，而最早析出的初晶由于长时间处于高温下而成长为较为粗大的晶粒，并且初晶析出时含铅量较高，降低了液相的含铅量，因此其后同时析出的共晶组织成分为标准共晶合金（Sn-38Pb）。

最后，我们考虑 Sn-90Pb 合金（点 q），如前文所述，此成分的合金拥有很好的高温特性，因此常被用于高温软钎焊。当点 q 开始冷却时，会在 320℃碰上固相线，如同点 p 一样，α-Pb 初晶出现，并随着温度的降低而长大，到了点 J 合金全部变成了均匀的 α-Pb 相固体。温度继续降低到约 150℃的 K 点，此时 β-Sn 相开始从固相中析出，过 K 点作水平线与 β-Sn 的交点 K'，所示合金即为此时析出的 β-Sn 组分，即固溶在 α 相中的 Sn 随着温度降低，溶解度降低而过饱和，最终析出成第二相。如相图所示，新生成的第二相含铅量极低。

图 2.3 所示为两种典型的 Sn-Pb 系焊料的组织。图示灰色的部分表示 Pb，白色部分表示 Sn。可以看出共晶合金中组织为细板条状 Sn 相与 Pb 相交错形成的片层组织，而过共晶合金（共晶组成以上范围的合金）中，细小的 Sn 相均匀分散于 α-Pb 相中。

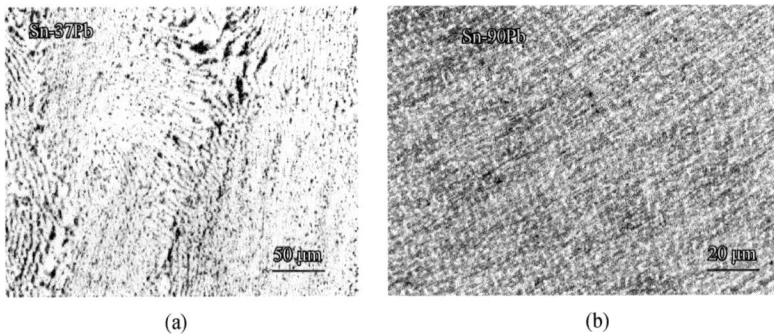

图 2.3　Sn-37Pb（a）和 Sn-90Pb（b）的组织（OM：光学显微镜照片）

冷却速度对焊料的组织也有着较大的影响。共晶组织冷却太慢会导致结晶粗大化，从而影响机械性能，生产中应予以重视。另外，即使焊接已经完成，焊点组织也会随着时间延长而粗大化。这与 Sn 基合金本身的性质有关，一般来说，当热力学温度达到金属熔点的一半时，元素扩散速度显著加快。Sn 的绝对温度熔点为 505K（232℃），因此即使是室温 300K（27℃）也已超过熔点的一半，相当于将钢铁材料（熔点约 1400℃）置于 900℃的高温下，所以 Sn 基焊料形成的焊点在室温下组织变化很快，并且电子设备使用时温度还会升高。焊点组织变化是软钎焊接头失效的主要原因。

添加第三种元素会使组织变得更加复杂，但是依然可以按照上述相图分析的方法推测其结晶组织。例如，在生产上为了改变 Sn-Pb 系焊料的性能，经常添加 1.5%～2%的 Ag 或者百分之几的 Sb（锑）。这两类合金在高可靠性封装中很常用。加入 Ag 可以与 Sn 形成间隙相 Ag$_3$Sn，产生析出强化，而 Sb 会固溶在组织中形成固溶强化的效果。只要根据相应的三元相图，就能对组织进行预测。即使是四元以上的合金也可使用同样的方法。

虽然利用相图能够推测结晶组织，但相图也不是万能的。相图的全称是"平衡相图"，说明预测的前提是合金处于热力学平衡状态。换句话说，要从平衡相图中推测 200℃某合金的组织，只能得到此合金在 200℃保持无限长时间的组织。而软钎焊过程往往只持续几十秒，是典型的非平衡状态。但即使这样，相图也能在某种程度上给我们提供有用的信息。建议在理解的前提下妥善使用相图，有关不同相之间的界面反应的内容将在后文中介绍。

2.2　锡　　疫

作为与相图相关的话题，我们来谈一下锡疫。

锡疫自发现以来已有 160 年的历史[3]。其名称来源于鼠疫，一种在 14 世纪杀死了欧洲四分之一人口的传染病。图 2.4 所示是啤酒冷却管上形成的锡疫现象，形成了传染症状般的侵蚀斑点，严重的地方均已穿孔。锡疫通常是将锡长期保存在低温下产生的，这种现象具有潜伏性，因此与传染症相类似。锡疫在 1851 年被德国的 Zeitz 初次发现，他当时发现管风琴的管壁上出现了侵蚀斑和孔洞。而后俄国和英国等寒冷地区也有类似报告。后来的研究表明工业纯度的锡基本不会发生这种现象，但此种现象一旦发生易与其他现象如腐蚀或氧化混淆，在初期判断时需要格外注意。

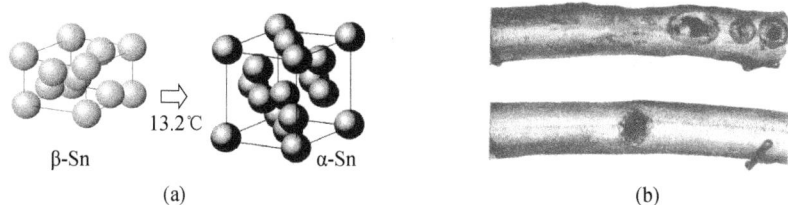

图 2.4　Sn 的两种晶体结构（a）及出现锡疫的冷却管（b）（英国 ITRI 供图）

然而，随着无铅焊料的发展，锡疫的问题又被提上日程[4, 5]。工业纯度的锡不被锡疫困扰的原因之一就是因为其含有 Pb 杂质。除去 Pb，焊料对锡疫的抵抗能力也就大幅下降。本节将介绍目前对锡疫的了解以及有关锡疫的事例。

2.2.1 锡疫的现象

首先从金属学方面来解释锡疫现象。纯锡具有两种晶体结构，具体参数可参照表 2.3，一种是四方晶系（立方体的一面为正方形，角上有原子的晶格），这是用于焊料的 β-Sn（俗称白锡），具有很好的塑性。另一种被称为 α-Sn（灰锡），此状态下的原子结构与硅和金刚石相似，为面心立方结构，这就是发生锡疫的晶体结构。这种金刚石面心立方晶格（立方体的角上和面中心均由原子占据），又硬又脆，原子间由共价键连接，失去金属导电性而成为半导体。白锡到灰锡的转变温度点为 13.2℃，且转变时密度降低，体积膨胀 26%。可知一旦发生相转变，锡会如同囊肿一般肿胀并崩塌，并失去导电性，发生焊点失效。

表 2.3　Sn 的同素异构体

	α 相	β 相
外观	灰色	金属光泽
晶体结构	金刚石面心立方晶系	四方晶系
晶格常数/Å	6.489	长轴：5.831 短轴：3.182
密度/（g/cc①）	5.75	7.28
电阻率/（Ω·m）	半导体	11.5×10^{-8}
机械性质	脆性	塑性

①：1cc=1cm³。

Sn 系合金的相图中，在 13.2℃处是一条波浪线而非横线。这是因为 Sn 在转变时可能出现过冷现象（相变在更低温度下进行），而非在平衡相图中所示的温度处。

目前已知的锡疫特征详列如下：

- 产生很大的过冷度，潜伏期长；
- 灰锡在白锡表面生成，几乎没有从内部生成的报告；
- 先形核，然后呈球状扩展；

- 伴随着体积膨胀产生裂纹并粉末化；
- 金属色变成灰色；
- 加工可促使转变速度加快；
- 外来的 α-Sn 形核能加快转变；
- 逆转变很快；
- 杂质对转变的影响很大。

2.2.2　合金元素的作用

表 2.4 总结了一些合金元素对锡疫转变的影响，其中有些元素的作用不太明了（带问号的元素），报告相互矛盾，说明这些判断还不准确。Pb 是抑制元素，无铅焊料中引人注目的重要元素 Ag、Bi、Sb 等也是抑制元素，Cu 可能会促进锡疫。Zn 是加速元素，Ge 被列入抑制和加速两边。为了得到正确的判断，还需要继续研究。

表 2.4　合金元素对 Sn 相转变的影响

抑制元素	无影响元素	加速元素
S	Ni	Al
Cd	Fe	Zn
Au	Cu(?)	Mg
Ag		Co
Bi		Mn
Sb		Cu(?)
Pb		Ge(?)
Ge(?)		

我们先来看看 Pb 的抑制效果。图 2.5 表示了转变速度与 Pb 浓度之间的关系[6]。高纯度的 Sn 在-20℃转变速度最快，随着 Pb 浓度的增加，峰值逐渐降低且向低温方向移动，在与工业纯度的 Sn 相近的成分处，峰值迁移到-40℃附近。像 Pb 一样随着含量升高转变速度下降的元素被称为抑制元素，由于 Pb 使峰值转变温度向低温方向迁移，所以我们使用的工业纯 Sn 的低温极限温度也在-40℃附近。

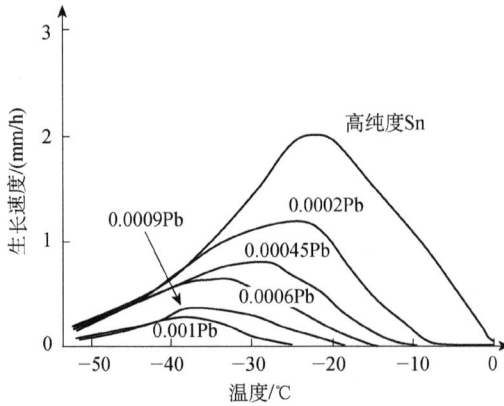

图 2.5　高纯度 Sn 的锡疫生长速度及 Pb 浓度的影响 [8]

Ge 的添加作用也有类似 Pb 的报道[7, 8]。一般认为 Ge 作为抑制元素的效果非常大。图 2.6 表示在-30℃下锡疫转变速度与 Ge 浓度的关系[9]。添加 0.2wt%的 Ge 效果最为显著，增大其含量至 0.5%显示对转变没有太大影响，逐渐增大 Ge 浓度至 1wt%，又开始出现明显的抑制效果。Ge 对转变的抑制效果一般认为是 Ge 溶于 Sn 形成固溶增大了位错密度，从而增大了发生转变所需的能量。

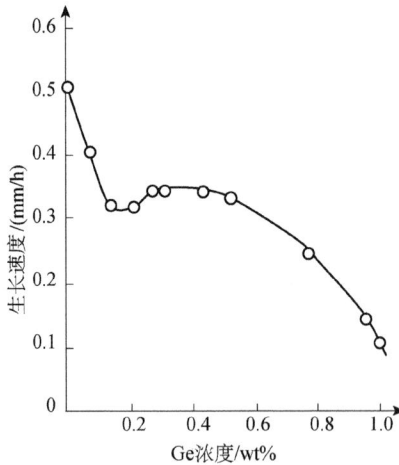

图 2.6　Ge 对 α-Sn 生长的影响（-30℃）[9]

另一种更为敏感的锡疫转变测试方法为导电率测试，如图 2.7 所示，通过测定时间和电阻值的关系从而得出合金对锡疫的作用。

值得注意的是也有完全相反的报告，即 Ge 的加入会促进 β-Sn 的转变，还需要进一步的实验验证其影响。杂质元素的促进作用主要由形核理论来解

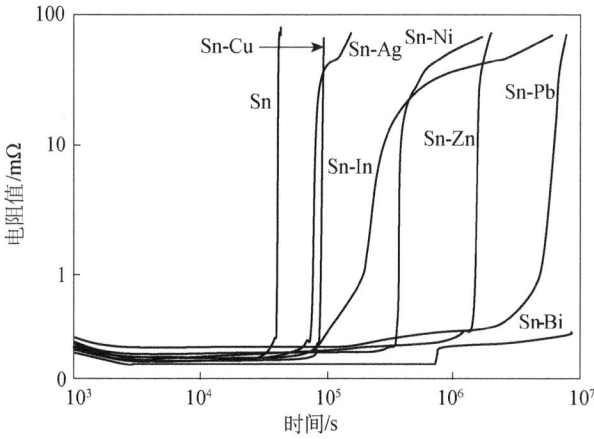

图 2.7　Sn 合金在-35℃下的电阻变化[5]

CdTe 粒子掺杂作为 α 相晶核，合金元素添加量约为 0.4%

释，外来原子会充当转变的晶核，使转变速度加快。一般有此效果的物质晶格常数均与 α-Sn 相近，除 Ge 外典型的还有 Si、ZnSb、HgTe 等。

2.2.3　加工的影响

加工对 Sn 的转变也有很大的影响[3-5]，β-Sn 到 α-Sn 的晶格结构转变不需要长距离的元素扩散，在低温下为了形核需要几个月到几年不等的时间，但是这种状态易受内部应力的影响。图 2.8 以 Sn-Cu 为例，铸造态下的合金 α-Sn 生成速率很慢，而受到加工的合金转变速率加快，且加工率越大 α-Sn 相生长越快。

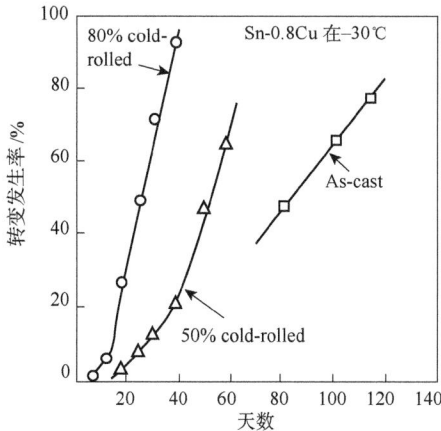

图 2.8　外加工对于 Sn-0.8Cu 合金锡疫生长的影响

19

在低温保存受到大变形量的引线镀层的时候，需要注意加工内应力是否会对锡疫转变产生影响。但经过一次回流焊或波峰焊后，此应力会有所缓解。虽然在冷却时可能会因为基材的热膨胀系数不同而产生热应力，但相对于加工应力已经不在一个数量级上，应该不会产生太大影响。

2.2.4　锡疫发生的可能

本节介绍了目前有关锡疫的研究报道，但现有的研究进展还远不能解释锡疫发生的本质和杂质元素的作用机理。Pb、Bi、Sb 等元素抑制转变效果较大，可以推测其中应该存在着控制转变的关键因素。本节引用的文献时间跨度较大，且其中的结果相互矛盾。杂质浓度的差异可能是导致实验结果不同的因素，需要进一步的实验给予验证。总之，使用现有纯度的工业锡不用担心锡疫的发生。此方面进一步的研究应多积累数据，从而对各种可能性作出判断。为防止锡疫发生，应避免在软钎焊后的大变形量加工，以及避免在焊料中添加有利于 α-Sn 相形核的特殊元素。

参 考 文 献

[1] JIS Z3282:2006「はんだ-化学成分及び形状」, 日本規格協会, (2006).

[2] 2 元系状態図："Binary alloy phase diagrams, 2nd edition", eds. by T. B. Massalski, H. Okamoto, P. R. Subramanian, L. Kacprzak, ASM International, (1990).
3 元系状態図："A. Handbook of Ternary Alloy Phase Diagrams", eds by Villars P, Prince A, Okamoto H, ASM International, A. Prince, H. Okamoto, ASM International, (1995).

[3] C. E. Homer, H. C. Watkin: *Metal Ind.*, **60**(1942), 364.

[4] Y. Kariya, C. Gagg and W. J. Plumbridge: *Soldering & Surface Mount Technology*, **13**(2001), 39.

[5] NPL 資料より (2011).

[6] 朱　淵俊, 竹本　正：Mate 2001(2001), 469-474.

[7] A. A. Matvienko and A. A. Sidelnikov, *J. Alloy Compd.*, **252**(1997), 172.

[8] W. M. Gallereault and R. W. Smith; Rapidly Solidified Amorphous and crystalline alloys, eds. by B. H. Kear, B. C. Giessen and M. Cohen: Elsevier Science Publishing Co., Ltd., (1982), 387-396.

[9] A. A. Matvienko and A. A. Sidelnikov: *J. Alloys and Compounds*, **252**(1997), 172.

第 3 章
无铅焊料的组织

目前主要的无铅焊料成分及其特征列于表 3.1 中。无铅焊料的机械性能较好，拉伸强度一般是 Sn-Pb 焊料的 1.5～2 倍，蠕变特性也有绝对优势。但是，它们与铜的润湿性不是很好，相对于 Sn-Pb 系的 90%以上润湿率，Sn-Ag 系和 Sn-Bi 系只有 80%左右，而 Sn-Zn 系则更差。然而，随着生产技术的革新，无铅焊料的润湿性已经有了明显的改善，目前已与 Sn-Pb 系相当。即使是 Sn-Zn 系焊料，也已能在空气氛围的回流焊中使用。

无铅焊料也可以从相图中推测其组织，并能预测其机械性能。与 Sn-Pb 系相图不同，Sn-Ag 系和 Sn-Bi 系会形成金属间化合物，相图更为复杂。下面将对典型焊料进行对比讨论。

3.1 Sn-Ag 系合金的组织

3.1.1 Sn-Ag 二元合金

Sn-3.5wt%Ag 二元共晶合金是一种在软钎焊无铅化之前就被广泛使用的焊料。其相图如图 3.1 所示，共晶成分时熔点为 221℃[1]。与 Sn-Pb 系相图相比，Sn-Ag 系相图的左半部分与共晶相图相似，而右半部分比较复杂。Ag 含量约为 75%附近的狭长区域被标为 Ag_3Sn，表明在此组分和温度范围下，Ag_3Sn 能够稳定地存在。在 Sn-Pb 系合金中，Sn 和 Pb 在一定范围内都能互相固溶，但是 Ag 几乎不固溶在 Sn 中。也就是说，Sn-Ag 合金的共晶组织是由几乎不

表 3.1　已经实际应用的无铅焊料

合金系	合金组成	用途		备注
		波峰焊	回流焊	
Sn-Ag 系	Sn-3.5Ag	○	○	共晶（传统焊料）
	Sn-3.0Ag-0.5Cu	○	○	旧 JEITA 推荐
	Sn-3.5Ag-0.75Cu	○	○	接近于三元共晶
	Sn-3.9Ag-0.6Cu	○	○	NEMI 推荐
	Sn-4.0Ag-0.5Cu	○	○	类似共晶（1953 年得知）
	Sn-3.0Ag-(3.0～8.0)In-(0.5～2.7)Bi	×	○	可用于低温封装
	Sn-1.2Ag-0.7Cu	○	○	用于波峰焊
Sn-Cu 系	Sn-0.75Cu	○	×	共晶
	Sn-0.7Cu＋微量 Ag	○	×	
	Sn-0.7Cu＋微量 Ni	○	×	
Sn-Zn 系	Sn-9.0Zn	△	○	过共晶
	Sn-8.0Zn-3.0Bi	×	○	
	Sn-9.0Zn＋微量 Al	×	○	
Sn-Bi 系	Sn-58Bi	×	○	共晶
	Sn-58Bi-(0.5-1.0)Ag	×	○	

注：○：适用；△：一定条件下适用；×：问题太多，不适用。

含 Ag 的纯 β-Sn 和析出的微细 Ag_3Sn 相所组成的。

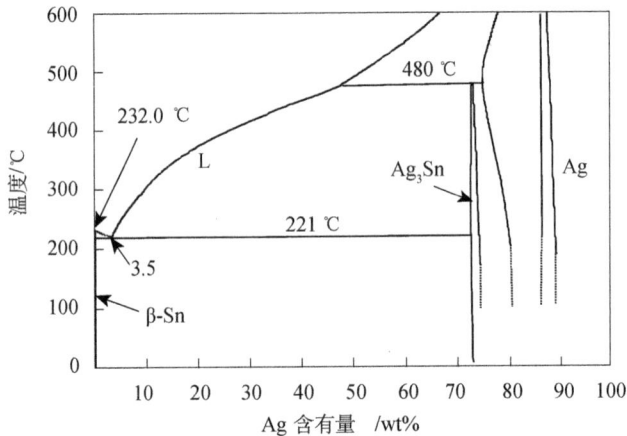

图 3.1　Sn-Ag 二元合金相图

图 3.2 所示为 Sn-Ag 合金的典型组织。虽然冷却速度会对组织的变化产生一定影响，但可以清楚地看到其与 Sn-Pb 合金的不同。该合金形成了尺寸为几微米的 β-Sn 初晶晶粒，周围分布有 Ag_3Sn 和 β-Sn 混合而成的白色带状组织。与 Sn-Pb 系合金的颗粒状初生晶粒不同，β-Sn 初晶是枝状晶体，Ag_3Sn 也呈纤维状分布（图 3.2 为横截面，此特征无法正确显示）。虽然 Sn-Ag 合金也属于共晶转变，但是初晶的生长方式完全不同，β-Sn 形成后先呈枝状生长，最后剩下的液体在枝晶的间隙中发生共晶反应而后凝固，详细的生长机理将在下节介绍。

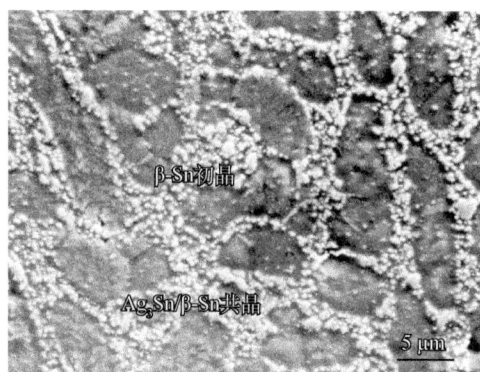

图 3.2　Sn-3.5Ag 共晶合金的组织（SEM 照片）

添加 Ag 所形成的微细 Ag_3Sn 对机械性能的改善大有贡献。图 3.3 就给出了拉伸强度和 Ag 含量之间的关系[2]。随着 Ag 含量从零开始增加，0.2%屈服强度（σ0.2）和拉伸强度也相应增加，而延伸率有所减少。仅考虑强度因素，添加 1wt%～2wt%的 Ag 就能达到与 Sn-38Pb 共晶焊料相同的强度，而添加 3wt%以上的 Ag 强度明显高于 Sn-Pb 共晶焊料，但超过 3.5wt%后（过共晶），拉伸强度相对降低。这是因为此时形成的 Ag_3Sn 呈数十微米的板状，属于粗大型金属间化合物，这种形貌的化合物不仅使强度降低，而且对疲劳和冲击性能也有不良影响，因此在合金设计及界面反应时应该充分注意。具体准则是"保持在共晶点附近，不要向金属间化合物方向偏离"。

Ag_3Sn 是比较稳定的化合物，且 Sn 中几乎不固溶 Ag，因此该合金的高温性能和抗电迁移性能都相当优秀。

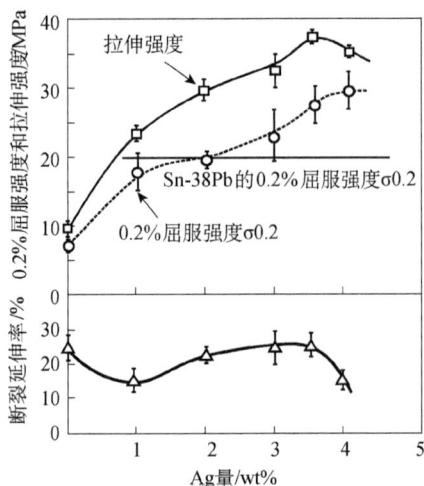

图 3.3　Ag 含量对 Sn-Ag 合金拉伸性能的影响

3.1.2　Sn-Ag-Cu 三元合金

在 Sn-Ag 系合金中添加 Cu，能够在保持合金的优良性能的同时，适当降低金属的熔点，并且添加 Cu 以后还能减少所焊材料中铜的溶蚀。

Sn-3Ag-0.5Cu 的显微组织与 Sn-Ag 共晶合金几乎没有区别，图 3.4 为将 Sn 腐蚀后的显微组织照片，Ag_3Sn 仍然呈纤维状。Cu 和 Ag 一样，几乎不能固溶于 β-Sn，因此照片中的共晶部分也含有 Cu_6Sn_5，但形态与 Ag_3Sn 相近，无法被区分开。

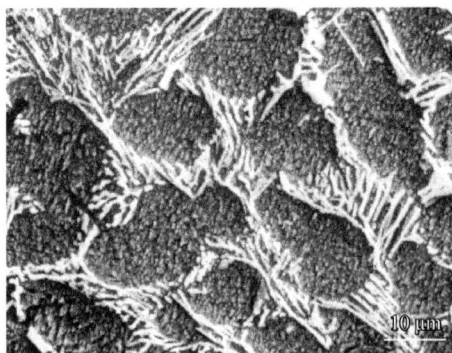

图 3.4　Sn-3Ag-0.5Cu 合金的组织（SEM 照片）

酸洗腐蚀 Sn 以突出 Ag_3Sn 组织

Sn-Ag-Cu 共晶点的组分至今还没有严格的定论[3-7]（具体参照表 3.2）。最早的文献报告为 1954 年的 Sn-4.0Ag-0.5Cu，最近经精密的热力学测定和模拟计算为 Sn-3.5Ag-0.7Cu（±0.2wt%）。

表 3.2　Sn-Ag-Cu 的共晶组成

研究课题组	共晶组成/wt%	共晶温度/℃	评价手段	发表年份
德国 MaxPlank 研究所	Sn-4.0Ag-0.5Cu	225	组织观察	1959[3]
美国 Iowa 大学	Sn-4.7Ag-1.7Cu	217	组织观察 X 射线衍射	1994[4]
美国 Northwestern 大学	Sn-3.5Ag-0.9Cu	217	组织观察 DSC	1999[5]
美国 NIST 研究所	Sn-3.5Ag-0.9Cu Sn-3.7Ag-0.9Cu	217 216	DSC 模拟计算	2000[6]
日本 东北大学	Sn-3.2Ag-0.6Cu	217	模拟计算	2000[7]

Sn-Ag-Cu 共晶点不能确定，是由 Sn 系合金的凝固机理十分复杂造成的。Sn-Ag-Cu 或 Sn-Cu 在热力学上所测定的共晶点实际上不能凝固，实际凝固温度有时会低于共晶点 20℃（过冷），这种现象很直观地反映在图 3.5 的 DSC 曲线上。共晶合金先形成 β-Sn 初晶后才能发生共晶转变也是因为过冷现象。

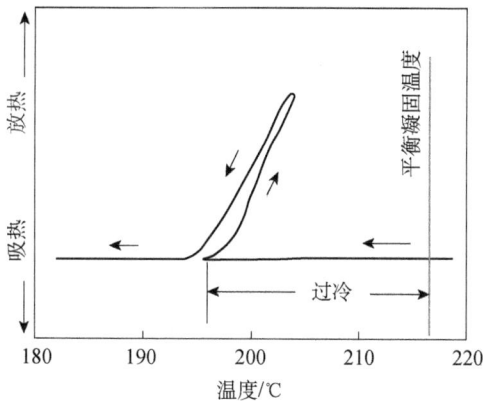

图 3.5　Sn-3.5Ag-0.7Cu 的 DSC 冷却曲线

下面我们继续围绕组织进行讨论。图 3.6 为冷却速度对典型 Sn-Ag-Cu 系合金组织的影响[8]。虽然凝固过程中都是先形成 β-Sn 初晶然后共晶转变。但冷却速度越慢，晶粒粗大化越严重，尤其是在 Ag 含量比较高的合金中如 Sn-3.9Ag-0.6Cu。形成的粗大的 Ag₃Sn 板状初晶组织会对焊点的可靠性产生恶劣影响，Sn-3.9Ag-0.6Cu 拉伸试验中正是 Ag₃Sn 板状初晶的存在导致了裂纹的产生。一般 Sn-Ag-Cu 焊料中 Ag 含量超过 3.2%就比较容易形成 Ag$_3$Sn 板状初晶,生产中需予以注意。图 3.7 中列举了三种不同合金焊球的显微组织,箭头所指的位置为 Ag$_3$Sn 板状初晶[9],如果焊球较小,甚至可以观察到初晶伸出球体生长的现象（图3.8）。Sn-3Ag-0.5Cu 基本上观察不到板状初晶,3.5Ag 以上板状初晶较易形成,3.9Ag 以上板状初晶几乎无法避免,在焊料设计时需予以注意。

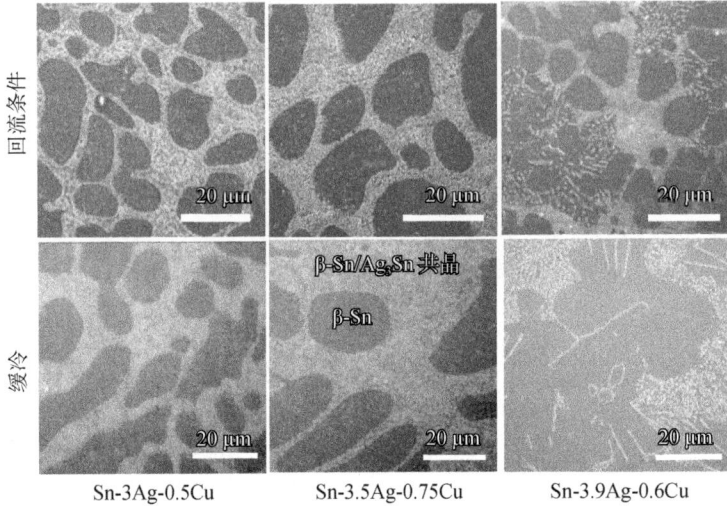

图 3.6　Sn-Ag-Cu 系中冷却速度及合金组成对合金组织的影响（SEM 图片）

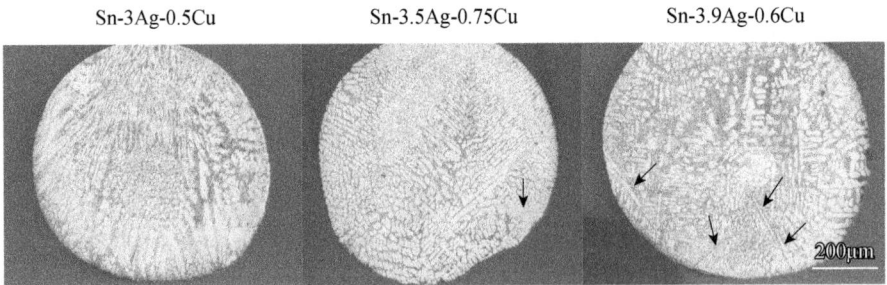

图 3.7　3 种 Sn-Ag-Cu 焊球的凝固组织（OM 照片）

Ag$_3$Sn 初晶与 Cu$_6$Sn$_5$ 初晶在析出形态方面完全不同。图 3.9 比较了两种焊膏在回流焊后生成的初晶金属间化合物。Sn-3Ag-0.5Cu 中几乎全生成了棒状的 Cu$_6$Sn$_5$ 初晶,没有观察到 Ag$_3$Sn 初晶。相对而言,Sn-3.9Ag-0.6Cu 中不仅有棒状 Cu$_6$Sn$_5$ 初晶,也可以观察到 Ag$_3$Sn 板状初晶的存在。放大的图像如图 3.10 所示,Ag$_3$Sn 初晶的中央存在一个大的空洞,可能是在气泡处形核所生成的初晶。

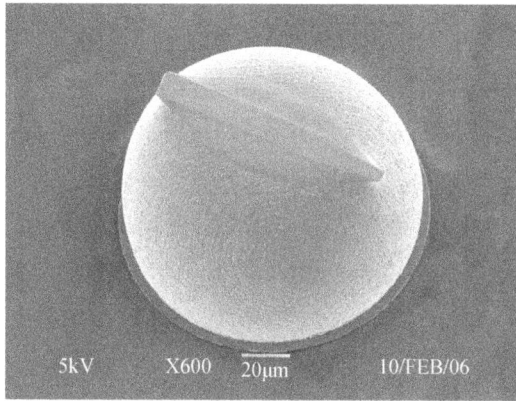

图 3.8　Sn-Ag-Cu 凸点中长出焊球表面的 Ag$_3$Sn 初晶

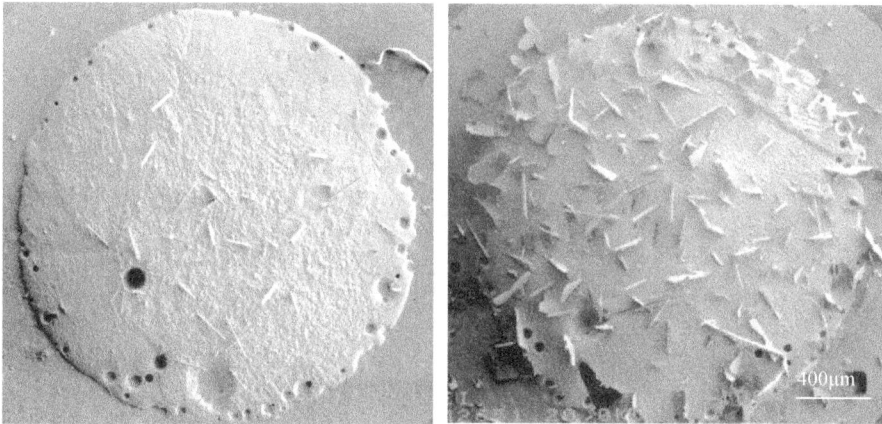

图 3.9　Sn-3Ag-0.5Cu 和 Sn-3.9Ag-0.6Cu 在 Cu 板上回流焊所形成的初晶化合物

焊料经过酸洗腐蚀后的 SEM 照片

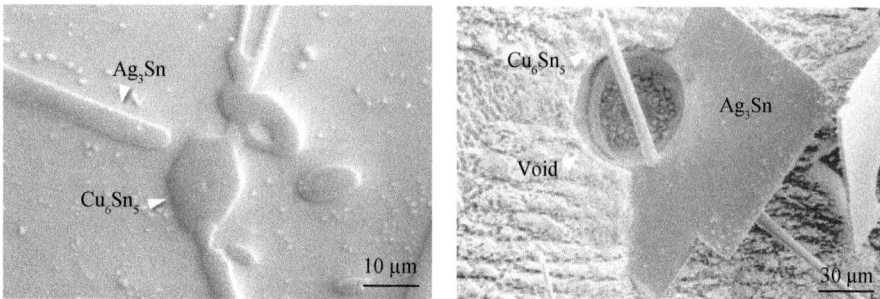

图 3.10　图 3.9 中 Sn-3.9Ag-0.6Cu 的高倍组织

左：磨抛组织；右：腐蚀组织

Sn-Ag-Cu 系焊料中，日本推荐的是 Sn-3Ag-0.5Cu。它避免了 Ag_3Sn 板状初晶的形成，但是由于不是共晶成分，合金在凝固时容易产生凝固缺陷，所以在封装可靠性要求高的情况下需要考虑其他的焊料。有关凝固缺陷将在后面的章节中详述。

本节最后以 Sn-Ag-Cu 合金为例讨论利用热分析来推测组织形成的方法。图 3.11 是 3 种合金的 DSC 热分析图[8]，可以看出在熔点附近发生了吸热反应，这是金属在熔化时所需要吸收的潜热。反之，此部分潜热会在凝固时放出。从图中可以观察到合金的吸热反应并不单一，尤其是 Sn-3Ag-0.5Cu 的曲线中吸热反应可以分为三个不同阶段（①～③），三个阶段的反应式如下：

① $Sn + Ag_3Sn + Cu_6Sn_5 \longrightarrow$ 液体 $217 \sim 218℃$

② $Sn + Ag_3Sn \longrightarrow$ 液体 $218 \sim 219℃$

③ $Sn \longrightarrow$ 液体 $219 \sim 211℃$

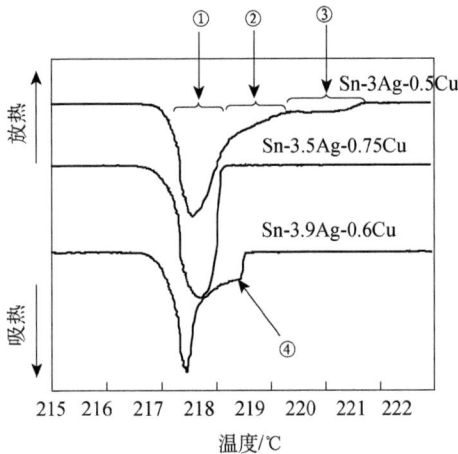

图 3.11　Sn-Ag-Cu 合金的 DSC 测定曲线（升温曲线）

Sn-3.5Ag-0.75Cu 中只能观察到单一吸热峰，只发生了①所示的三元共晶反应。而 Sn-3.9Ag-0.6Cu 不仅在 217.5℃ 附近观察到①的反应吸热峰，还在约218.5℃ 时有另一个吸热峰④，其反应式为

④ $Ag_3Sn \longrightarrow$ 液体 $218.5℃$

凝固是熔化的逆过程，因此通过对熔化过程的分析，可以推测合金的凝固过程如下：

Sn-3Ag-0.5Cu

液体→初晶 Sn 形成→Sn/Ag₃Sn 共晶形成→Sn/Ag₃Sn/Cu₆Sn₅ 形成

Sn-3.5Ag-0.75Cu

液体→Sn/Ag₃Sn/Cu₆Sn₅ 形成（几乎同时形成，但组织中仍能观察到初晶 Sn）

Sn-3.9Ag-0.6Cu

液体→初晶 Ag₃Sn 形成→Sn/Ag₃Sn 共晶形成→Sn/Ag₃Sn/Cu₆Sn₅ 形成（初晶仍以 Sn 为主）

Sn 初晶的出现与热分析相互矛盾，此现象无法通过相图进行解释。因此在材料分析中不要过于相信相图和热力学分析，而应该在合理的前提下进行推测。

3.1.3　Sn-Ag-Bi 三元合金

生产经验中，向 Sn 合金中添加 Bi 可以降低熔点，并能改善润湿性，Bi 的一大特征就是能固溶于 Sn 的晶格中。向 Sn-Ag 合金中添加微量的 Bi，基本可以维持 Ag₃Sn 的分散组织，但会引起 Ag₃Sn 的粗大化。图 3.12 为向 Sn-3wt%Ag 中添加 3wt% 和 6wt% 的 Bi 的组织显微图像[10]，可以看出 Bi 的添加会引起 Ag₃Sn 的形态变化，伴随着 Bi 向共晶部分偏析，Ag₃Sn 开始粗大化。另外在 Sn-Ag 合金中添加 Bi 会使共晶点向低 Ag 方向移动（共晶反应发生时 Ag 含量降低），因此更易形成 Ag₃Sn 初晶。图 3.13 是模拟计算的 Sn-Ag-Bi 三元合金相图的液相面（三元相图的俯视图，图中虚线为初晶形成温度构成的等温线），可以看出 Bi 对 Sn-Ag 共晶点的影响[11]。

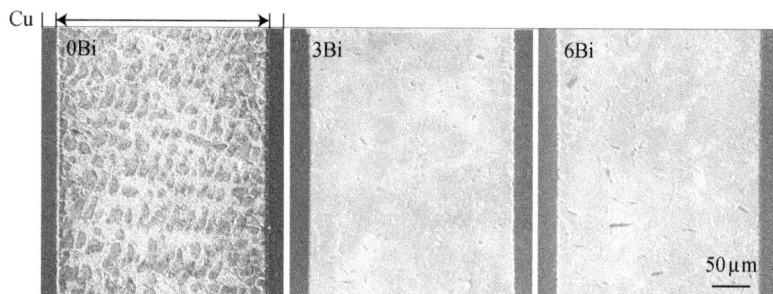

图 3.12　Bi 添加对 Sn-Ag 合金焊点组织的影响（两侧为 Cu 电极）

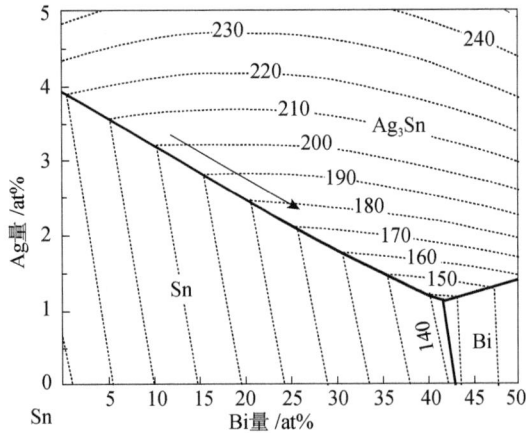

图 3.13　Bi 添加对 Sn-Ag 合金图液相线的影响[11]

Sn-Ag 共晶组成沿箭头方向变化

添加 Bi 并非完全有利，Bi 自身是一种较硬脆的金属，因此如果形成粗大的组织，会使机械性能劣化。另外 Bi 能固溶在 Sn 中，使母相变硬，在改善焊料强度的同时导致塑性有所下降。图 3.14 显示了 Bi 在 Sn-Ag-Bi 系合金中对拉伸性能的影响[12]，在合金中添加 Bi，延伸率显著降低。图 3.15 所示曲线为 Bi 对疲劳寿命的影响[13]。Sn-3.5Ag 本身的抗疲劳性能优于 Sn-Pb 焊料，但是添加 2%的 Bi 就会使其降低到与 Sn-Pb 焊料相近的水平，继续添加，性能则进一步劣化。

添加 Bi 还有减小过冷度（图 3.16）以及抑制锡疫的效果。

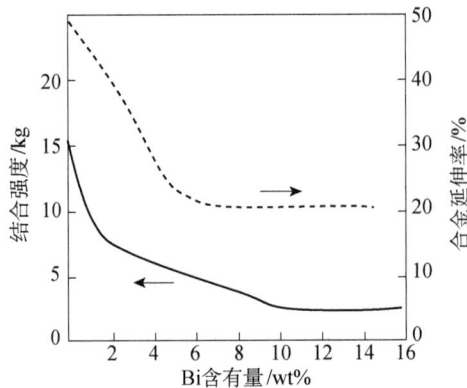

图 3.14　Bi 添加对 Sn-3Ag-Bi 焊接 QFP 引脚的结合强度的影响[12]

强度评价使用的引脚参数：Sn-10Pb 镀层的 42 合金，3mm 宽

$$\boxed{\begin{array}{c} \text{Coffin} - \text{Mason方程} \\ N_f^{\beta} \cdot \Delta \varepsilon_n = C \end{array}}$$

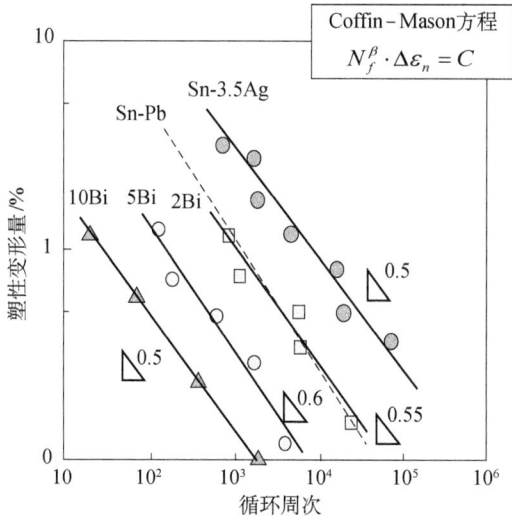

图 3.15　Sn-3.5Ag-xBi 室温下的疲劳特性[13]

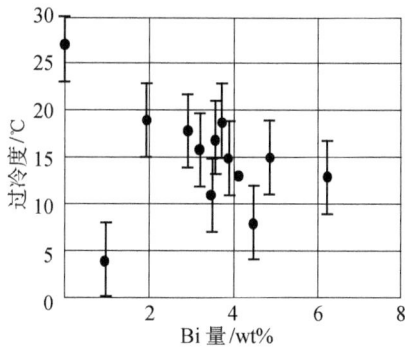

图 3.16　Bi 添加对 Sn-（3.2～3.5）Ag-Bi 过冷度的影响

3.1.4　Sn-Ag-In 系合金

In 价格十分昂贵，Sn 合金中添加 In 同样可以使合金熔点降低，添加 4%时降低为 210℃，添加 8%降低为 206℃。图 3.17 反映了 Sn-3.5Ag-3Bi 中添加 In 对组织的影响[14]。In 比 Ag 活泼，因此在凝固时先生成含 In 的化合物：In 为 0%时，Sn-Ag 合金为典型 Ag_3Sn 分散纤维组织；4%In 时所有的 Ag_3Sn 消失，取而代之的是金属化合物 ζ-Ag_3In；添加 8%In 的合金凝固时析出 ζ-Ag_3In 和 γ-$InSn_4$。

31

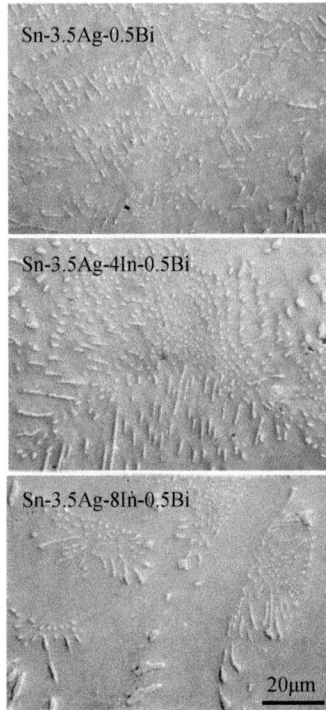

图 3.17　Sn-3.5Ag-0.5Bi 中添加 In 而产生的组织变化

In 对机械性能影响较小。图 3.18 显示了 In 对 Sn-3.5Ag-3Bi 合金拉伸性能的影响[15]。强度随着 In 加入量的增加而增加，破坏时的延伸率也不像添加 Bi 时出现明显下降。蠕变性能似乎在 3wt%In 时最好，过量或不足该性能都有所下降。

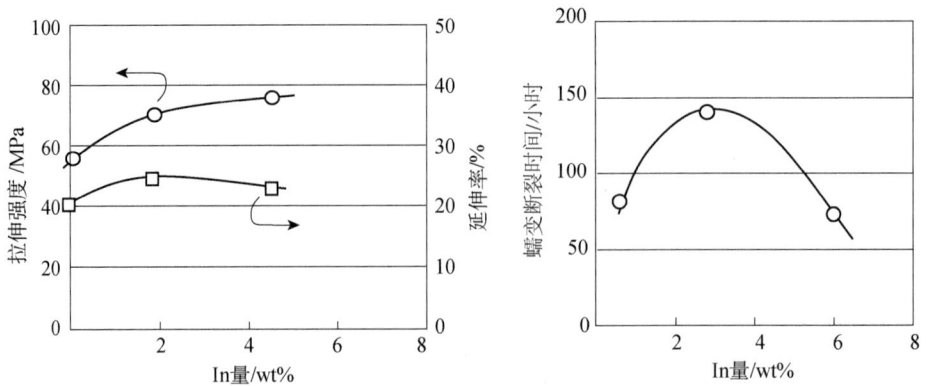

图 3.18　In 添加对 Sn-3.5Ag-3Bi-xIn 合金拉伸/蠕变性能的影响[15]

3.2　Sn-Cu 系合金的组织

Sn-Cu 系合金的平衡相图如图 3.19 所示。该相图与 Sn-Ag 相图类似，在 Cu 侧形成许多金属间化合物，比较复杂。Sn>60%时则与共晶合金相类似，即可近似看作 Sn-Cu$_6$Sn$_5$ 二元共晶合金。共晶点为 Sn-0.75%Cu，共晶温度约 227℃，此熔点在无铅焊料中偏高。

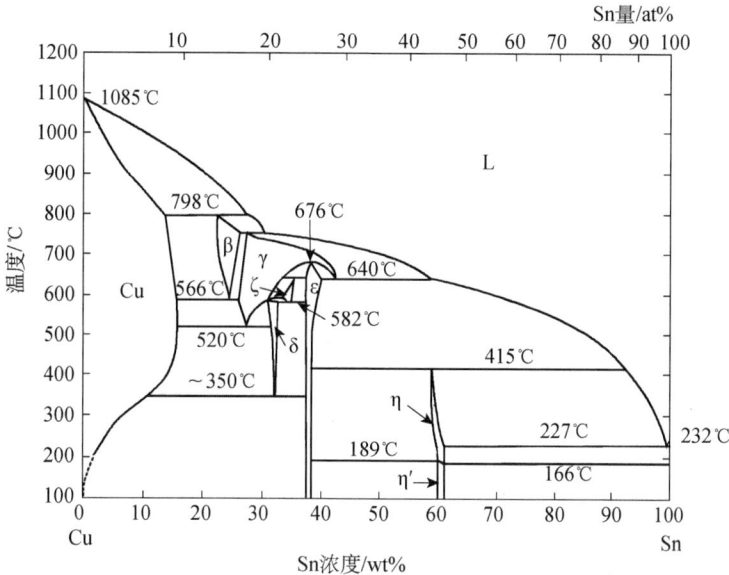

图 3.19　Sn-Cu 二元合金相图

Sn-Cu 系共晶合金组织类似于 Sn-Ag 共晶合金，如图 3.20 所示，由 β-Sn 初生晶粒和包围着初晶的 Cu$_6$Sn$_5$/Sn 共晶组织组成[16]。虽然组织类似，但 Cu$_6$Sn$_5$ 的稳定性不如 Ag$_3$Sn，如图 3.20 的细微共晶组织在 100℃下保存数十小时就会消失，变成分散着 Cu$_6$Sn$_5$ 颗粒的粗大组织，因此 Sn-Cu 系焊料的高温性能和热疲劳可靠性都劣于 Sn-Ag 合金。

Sn-Cu 合金由于不含 Ag，价格低，因此被广泛使用。另外，金属间化合物（Cu$_6$Sn$_5$）的分散量少，较 Sn-Ag-Cu 合金柔韧，因此可被用于芯片焊接（die-attach）。虽然芯片焊接对热疲劳也有一定要求，但 Sn-Cu 焊料的柔韧特

33

性可以弥补这一缺陷。

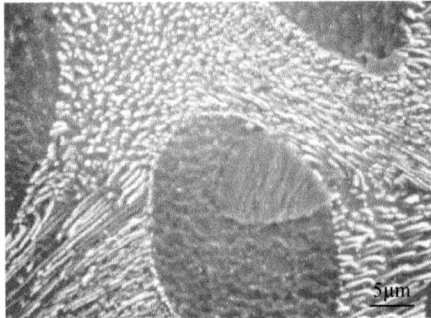

图 3.20　Sn-0.7Cu 合金的回流焊组织（SEM 照片）

为了使合金中的 Cu_6Sn_5 组织细小化，一般添加微量的 Ag、Ni、Au 等第三种元素。图 3.21 显示了添加 Ag 对 Sn-0.7Cu 机械性能的影响，仅添加 0.1% 的 Ag 就可以将焊料塑性提高 50%[16]。Ni 的添加能减少焊渣的产生，因此 Sn-Cu-Ni 已被用作波峰焊生产的焊料。但此焊料润湿性与纯 Sn 相近，并不理想，当封装双面基板时，需要考虑通孔的润湿性。

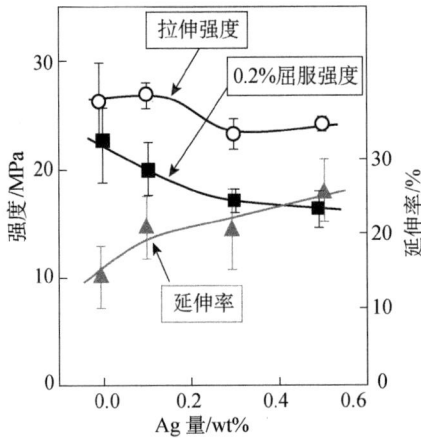

图 3.21　Ag 添加对 Sn-0.7Cu 拉伸性能的影响

3.3　Sn-Bi 系合金的组织

图 3.22 是 Sn-Bi 合金的平衡相图，通常用于焊料的合金成分位于共晶点

左侧，可以根据需要在大范围内（139～232℃）调节熔点[1]。Sn-Bi 合金凝固时的一大特色是 Bi 原子无限固溶于 Sn 晶格中而不像其他 Sn 系合金形成金属间化合物。Sn-58wt%Bi 共晶合金由于其熔点低常在生产中被用于低温焊料，且软钎焊效果理想。

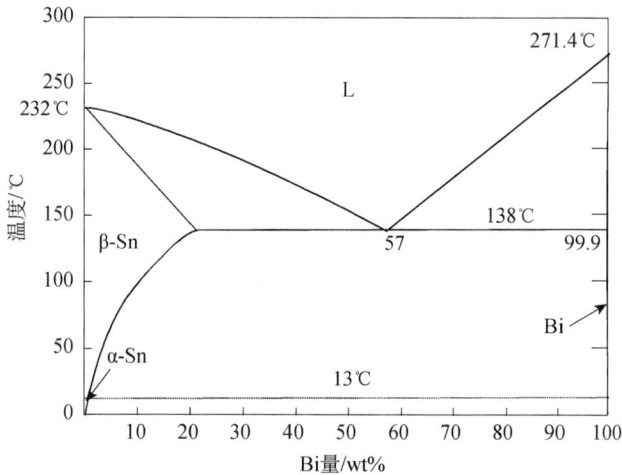

图 3.22　Sn-Bi 二元合金相图

图 3.23 是 Sn-40Bi 亚共晶组织，凝固时 Bi 以 10μm 以上的粒径从金属中析出，同时由于 Bi 的固溶度降低，Sn 初晶中也有细小的板状 Bi 析出。Sn-Bi 合金的一大问题是 Bi 较脆，因此耐冲击性能较差。但值得注意的是 Sn-58Bi 共晶合金却拥有很好的塑性，层状的细微组织使共晶合金能够达到 2000% 的延伸率，由于这两个相互矛盾的性能并存，所以 Sn-Bi 合金的变形

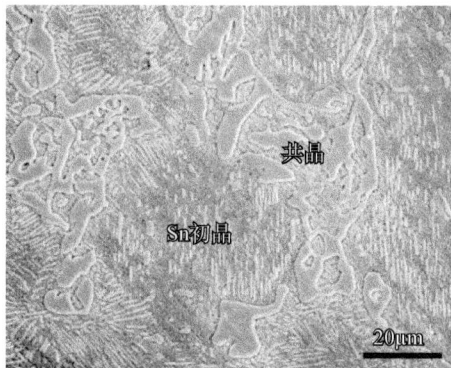

图 3.23　Sn-40Bi 合金的组织（SEM 照片）

表现和应变速度有很大关系[17]。图 3.24 显示了不同成分焊料的延伸率与变形速度的关系。

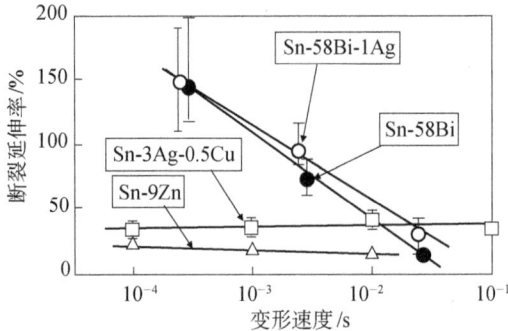

图 3.24　Sn-Bi 系焊料变形速度对塑性的影响

Bi 的添加量对熔点有很大的影响，变化范围很大，因此 Sn-Bi 合金的固液共存区温度跨度较大，凝固缺陷较易形成。形成的层状组织在 80℃以下能稳定存在，超过 100℃则 Bi 会粗大化引起金属脆化，另外 Sn-Bi 合金与 Pb 匹配性非常差，两者无法共存。

添加 Ag 可以在一定程度上增加合金塑性。虽有报告证明加入 1wt%的 Ag 能得到最高的破坏延伸率[18]；但也有报告（图 3.25）证明塑性改善峰值在 0.5%Ag 附近[17, 19]。实验结果的不一致，说明该合金受热影响比较大。特别是 Bi 在低温下也能固溶或析出，这对组织影响很大。

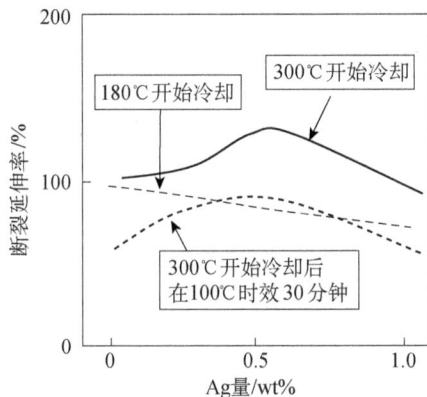

图 3.25　Sn-58Bi-xAg 合金中热处理对断裂延伸率的影响

图 3.26 是 Sn-58Bi 中添加 Ag 的平衡相图，Ag 含量为 0.5wt%和 1wt%的

位置需要格外注意。Sn-58Bi-0.5Ag 合金直到 150℃附近也不会生成 Ag₃Sn 初晶，而 Sn-58Bi-1Ag 合金在 200℃已经有 Ag₃Sn 初晶出现，在冷却过程中进一步长大。图 3.26 同时也显示出了改变熔炼温度对结晶组织的影响。Sn-Bi 共晶合金主要优点是可以在 200℃以下进行封装，添加 1wt%的 Ag 明显太多，可以认为最佳值为 0.5wt%。

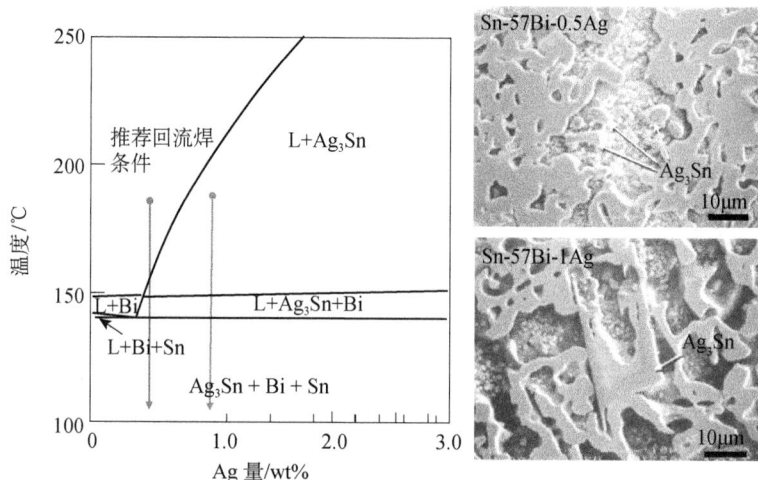

图 3.26　Sn-58Bi 中添加微量 Ag 的相图[17]

3.4　Sn-Zn 系合金的组织

Sn-Zn 共晶焊料与 Sn-Pb 共晶焊料的熔点最为接近，加之其机械性能良好，成本较低，因此在生产中被广泛使用。图 3.27 是 Sn-Zn 合金的平衡相图，此合金不形成金属间化合物，同时也互不固溶。共晶点温度 198.5℃，共晶成分为 Sn-8.8%Zn。

图 3.28 表示了不同 Zn 含量时组织的变化[20]，虽然析出的 Zn 为较粗大的板状，但由于其不像 Bi 一样脆，不会使合金机械性能明显劣化。Zn 比较容易氧化，因此需要加以改性，一般添加 3%的 Bi，可以改善性能以适用于空气气氛的焊接。图 3.29 显示了添加 Bi 后合金固相线、液相线的变化。如果在氮气氛围中封装，也可使用不含 Bi 的 Sn-9Zn 焊料，也有添加 Al 以防氧化的方案[21]。

Sn-Zn 焊料价格低，机械性能较好，但同时对于高湿环境较为敏感，需要予以注意。此现象的原因是 Sn 中 Zn 的选择性腐蚀造成的[22]。

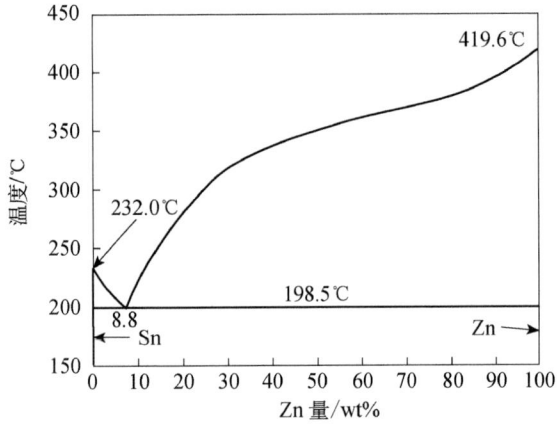

图 3.27　Sn-Zn 二元合金相图

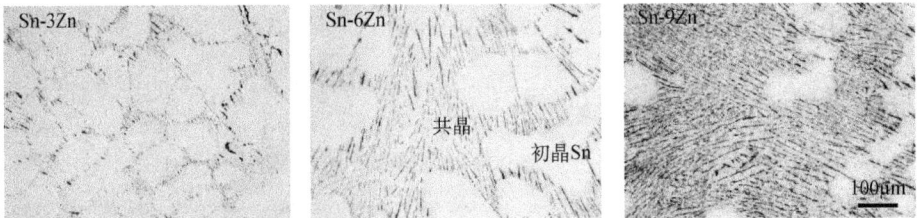

图 3.28　Sn-xZn 合金的组织（OM 照片）

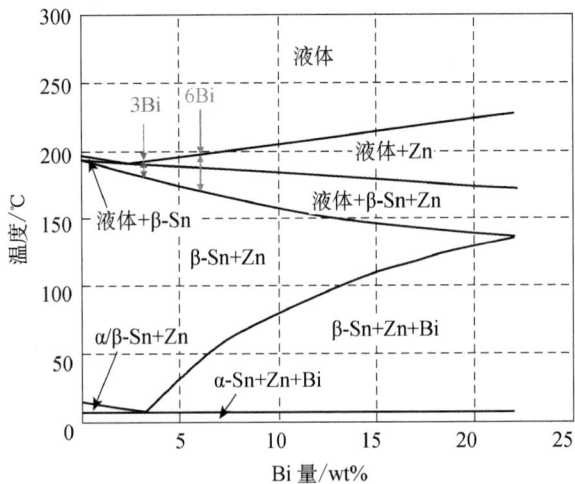

图 3.29　Bi 添加对 Sn-8Zn 相图的影响

3.5 Sn-Sb 系合金的组织

锑（Sb）是少数能固溶于 β-Sn 的合金元素。Sn-5Sb 在焊接瞬间可使 Sb 固溶于 β-Sn，冷却时析出 β-SnSb。合金的组织如图 3.30 所示[23]。

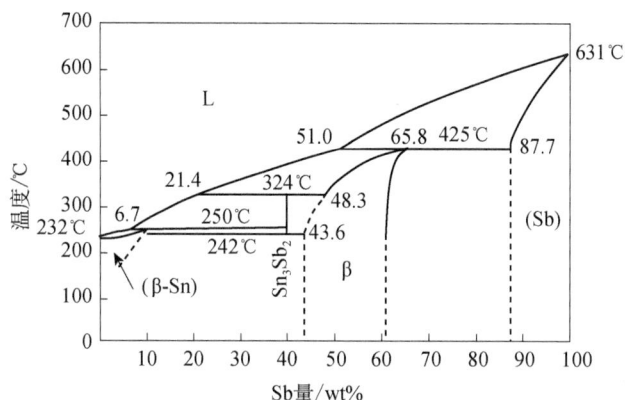

图 3.30 Sn-Sb 二元合金相图

Sb 同 Pb、Bi 一样，可以降低 Sn 的表面张力从而增加其润湿性。Sn-Sb 系合金拥有很好的抗热疲劳特性。此合金不是共晶合金，相图如图 3.30 所示，液相线随 Sb 增加而上升。Sb 在 200℃下能在 β-Sn 中固溶约 10%，而在室温下几乎不固溶。

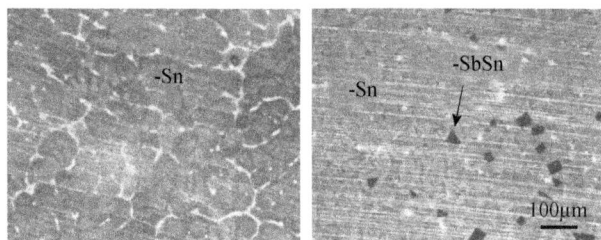

图 3.31 典型的 Sn-Sb 合金组织

参 考 文 献

［1］ "Binary alloy phase diagrams, 2nd edition", eds. by T. B. Massalski, H. Okamoto, P. R. Subramanian, L. Kacprzak, ASM International（1990）.

［2］ 菅沼克昭，中村義一；日本金属学会誌，**59**（1995）1299-1305.

［3］ E. Gebhardt, G. Petzow；*Z. Metallkde*, **50**（1959）597-605.

［4］ C. M. Miller, I. E. Anderson, J. F. Smith；*J. Electron. Mater.*, **23**（1994）595-601.

［5］ M. E. Loomans, M. E. Fine；*J. Electron. Mater.*, **31A**（2000）1155-1162.

［6］ K. W. Moon, W. J. Boettinger, U. R. Kattner, F. S. Biancaniello, C. A. Handwerker；*J. Electron. Mater.*, **29**（2000）1122-1136.

［7］ I. Ohnuma, X. J. Liu, H. Ohtani, K. Ishida；*J. Electron. Mater.*, **28**（1999）1164-1171.

［8］ K. S. Kim, S. H. Huh, K. Suganuma；*Mater. Sci. Engineer. A*, **333**（2002）106-114,

［9］ K. S. Kim, S. -H. Huh, K. Suganuma：*J. Alloy. Compd*, **352**（2003），226-236.

［10］ K. Suganuma, C. W. Hwang；Proc. Electronics Goes Green 2000 +, ed. By H. Reighl and H.Griese, VDE Verlag,（2000）67-72.

［11］ U. R. Kattner, W. J. Boettinger；*J. Electron. Mater.*, **23**（1994），603-610.

［12］ H. Shimokawa, T. Soga, K. Serizawa；*Mater. Trans.*, **43**（2002），1808-1815.

［13］ Y. Kariya, M. Otsuka；*J. Electron. Mater.*, **27**（1998），1229-1235.

［14］ K.-S. Kim, T. Imanishi, K. Suganuma, M. Ueshima, R. Kato；*Microelectron. Reliab.*, **47**［7］（2007），1113-1119.

［15］ 松永純一，中原裕之輔，二宮隆二；Mate2000，㈳溶接学会（2000）239-244.

［16］ S-H. Huh, K. S. Kim, K. Suganuma；*Material.Trans. JIM*, **42**（2001）739-744.

［17］ 菅沼克昭，酒井泰治，金 槿銖；エレクトロニクス実装学会誌，**6**（2003），414-419.

［18］ 山岸康夫，落合正行，清水浩三，植田秀文；エコデザイン'99 ジャパンシンポジウム論文集，㈳エレクトロニクス実装学会，東京（1999）54-55.

［19］ M. McCormack, H. S. Chen, G. W. Kammlott, S. Jin；*J. Electron. Mater.*, **26**（1997），954-958.

［20］ K. Suganuma, K. Niihara, T. Shoutoku, Y.Nakamura；*J. Mater. Res.*, **13**（1998），2859-2865.

［21］ 北嶋雅之，竹居成和，庄野忠昭，山崎一寿；第11回マイクロエレクトロニクスシンポジウム（MES2001），㈳エレクトロニクス実装学会（2001），247-250.

［22］ J. Jiang, J. -E. Lee, K. -S. Kim, K. Suganuma；*J. Alloys Compd.*, **462**［1-2］（2008）244-251.

［23］ J. H. Kim, S. W. Jeong, H. M. Lee；*Mater.Trans.*, **43**（2002）1873-1878.

第 4 章
凝固缺陷——粗大金属间化合物、剥离、缩孔

软钎焊本身是利用熔化的焊料进行连接，在其凝固组织的状态下使用，即接头处存在着铸造组织。金属的铸造工艺中为保证高可靠性，必须考虑凝固缺陷，具体来说如初晶形成导致的组织粗大化、凝固偏析、裂纹、焊点剥离和缩孔等。软钎焊也避免不了此种问题的出现。

在 Sn-Pb 共晶焊料向无铅焊料转变的过程中，先后出现了一些涉及凝固的重要问题（如焊点剥离、凝固裂纹、焊盘剥落、凝固偏析等）。这些问题是 Sn 系合金不可避免的特征，在 Sn-Pb 合金中也不是没有发生过。但在推进无铅焊料体系过程中，这类问题特别容易出现。因此对凝固缺陷问题的深入理解，成了无铅焊料能否实现高可靠性封装的重要因素。所以本章将对代表性的凝固缺陷以及形成机理进行总结和归纳。

4.1　初生粗大金属间化合物的形成

标准无铅焊料包括 Sn-Ag-Cu、Sn-Cu 等合金，如前文所述其凝固时形成的金属间化合物与 Sn-Pb 系合金不同，较易成长为粗大颗粒。为抑制初晶生长，一般从相图中选择不易形成金属间化合物初晶的合金成分。图 4.1 是 Sn-Ag 相图靠近 Sn 的一侧截图，这一部分与简单二元合金相图极为相似，可以看出 Ag 量低于 3.5wt%的合金较不易析出金属间化合物，从而避免粗大。

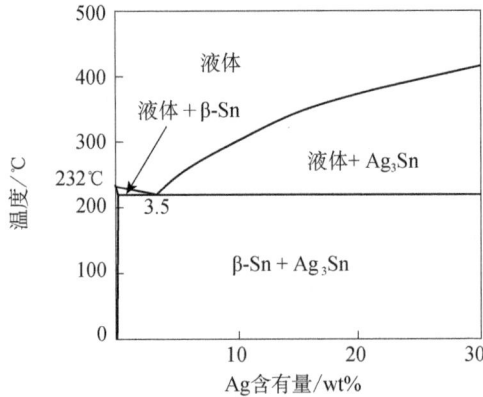

图 4.1　Sn-Ag 系二元相图

虽然 Sn-Pb 焊料共晶组分为 Sn-38wt%Pb，但生产中经常根据需要调整 Pb 的用量。这是因为 Sn-Pb 合金即使偏离共晶组分，机械性能也不会发生大的改变。而 Sn-Ag 系无铅焊料不同组分产生的金属间化合物会对性能产生很大的影响，因此基本上都不推荐选择先形成金属间化合物初晶的组分。但如 3.1.2 节所述，Sn 合金过冷度较大会对形核产生影响，有时即使是亚共晶状态也会析出粗大的金属间化合物，需要予以注意。

4.2　焊点剥离

焊点剥离（lift-off）是通孔焊点从基板配线上分离的现象。图 4.2 展示了使用 Sn-3Bi 在波峰焊后出现的焊点剥离现象[1]。美国为了区分在半导体生产中的同名技术，有时也将焊点剥离称为 "fillet-lifting"。焊点剥离一般发生在含 Bi、In、Pb 等元素，且偏离共晶组分很远的合金之中。当 Bi、In 含量在 9% 以上，或微量的 Pb 存在的情况下，容易发生焊点剥离的现象。图 4.3 所示为二元 Sn 合金中，不同 Bi、In、Pb 含量对焊点剥离效果的影响曲线[2]。

无铅焊料在封装中出现的焊点剥离现象一般同时发生在基板两侧，而传统 Sn-Pb 焊料的场合只会发生在器件一侧，如图 4.4 所示，焊点仅从基板上部的 Cu 焊盘上剥离。但实际上根据实验的报告，焊点剥离并不会产生断路等接触不良的情况，因此在可靠性要求不严格的场合，并不需要采用特别措施来防止焊点剥离。

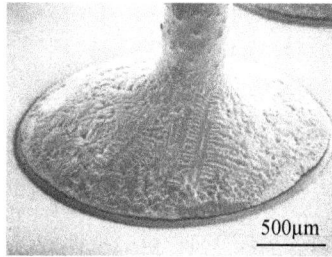

图 4.2　Sn-3Bi 合金通孔焊接的 lift-off 现象[1]

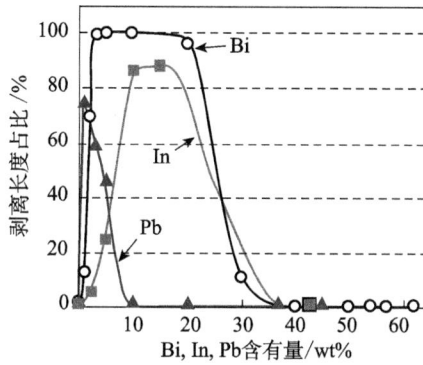

图 4.3　Sn 二元合金中元素对剥离长度比的影响[2]

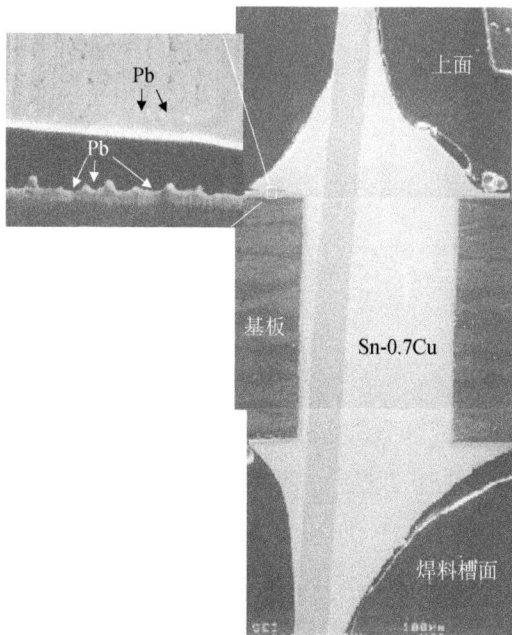

图 4.4　Sn-Pb 镀层焊脚波峰焊后的剥离

Bi、Pb 等元素的加入引起焊点剥离的机理如图 4.5 所示[3]。其发生原因与凝固过程密不可分，微观偏析、非均匀导热以及基板因温度变化产生形变都是焊点剥离的原因。焊点剥离主要是液相在界面处最终凝固造成的，此现象的原因有两点：第一是当固液两相共存范围较大的合金从焊接温度开始冷却时，先形成树状枝晶，Bi、Pb 等溶质元素从固相中排出，因此液相中溶质元素增多，熔点下降得非常快；第二是焊接凝固的过程非常短暂，凝固过程极度不均，基板表面的 Cu 引线会把焊点及通孔内部的热量导出，因此与引线接触的焊料温度比较高，并且倾向于最后凝固。由于这两点共同作用，所以引线界面处的焊料容易形成液相层。

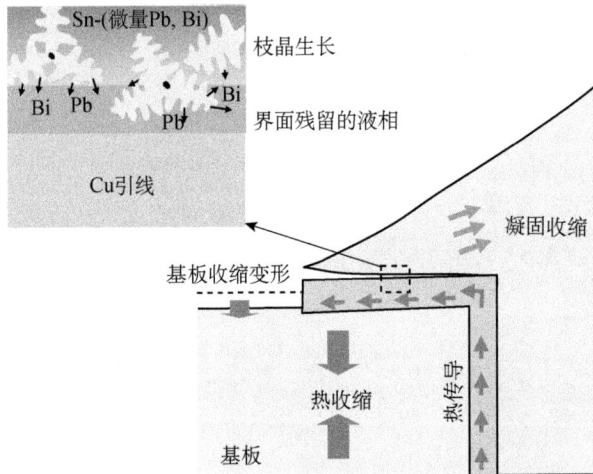

图 4.5　焊点剥离发生机理[3]

界面处于未凝固的状态下，焊料的凝固收缩和基板厚度方向的收缩同时作用于引线。特别是近来为了保证器件固定而采用了纤维强化塑料（FRP）基板来抑制横向变形，因此纵向变形很大。有时过厚的基板的热膨胀甚至会导致引线的直接剥落，因此基板越厚，基板蓄热量越大，焊点剥离的现象越严重。

使用 Sn-Pb 焊料来焊接镀层引线产品而产生的焊点剥离现象大多与焊料的流动有关。部件配线表面所镀的 Pb 层与液态焊料接触时，Pb 有所溶解，并沿着波峰焊焊料的流动路径通过通孔富集于焊点上部，导致两面 Pb 浓度的不均匀，最终导致剥落，图 4.4 中的放大照片展示了 Pb 的偏析。

波峰焊的熔池由于直接与部件接触，部件元素有时会溶进熔池，所以其成分在生产中一直处于变化状态，主要增加的元素为 Cu，焊接含 Pb 镀层的部件时 Pb 量也会增加。在与 Pb 共存的情况下，Cu 的增加会加剧焊点剥离现象。图 4.6 反映了 Cu 的增加对含 Pb 焊点剥离发生率的影响。当 Cu 处在共晶成分（0.7wt%Cu）时，剥离发生率最小，偏离此组分均会增大剥离发生的可能性[4]。另外，在 Cu 浓度增大到 1.4%时，焊点组织中出现大量针状 Cu_6Sn_5，此时经常会发生桥连（bridge）。因此生产中必须要注意熔池的成分管理。

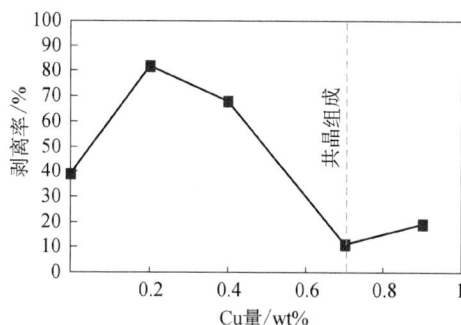

图 4.6　Sn-3.5Ag-xCu 中 Cu 含量对焊点剥离的影响

无通孔的表面组装有时也会发生类似焊点剥离的现象，经常发生于将有镀铅层引脚的部件（如 QFP 和 IC）组装在大基板上的情况，当这些部件通过回流焊组装于基板上时，接触面上的 Pb 有可能溶于焊料形成熔点较低的 Sn-Ag-Pb 合金层，经过二次回流焊或波峰焊时，界面熔化，引脚发生剥离。基板的受热变形也会加剧失效，图 4.7 展示了其详细机理[5]。更需注意的是引脚的材质也会影响微观偏析，如 Fe-Ni 合金引脚就比 Cu 引脚发生偏析的可能性要大。

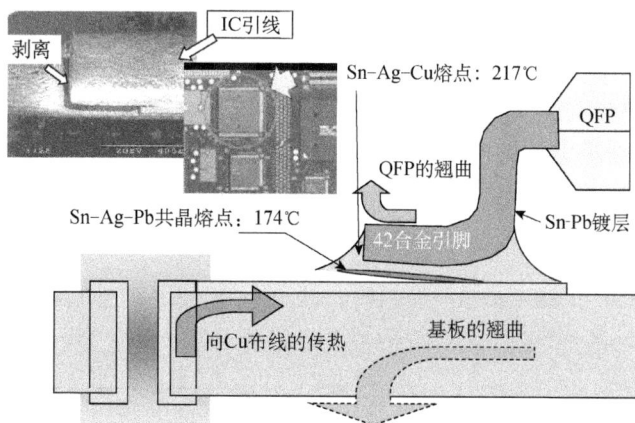

图 4.7　复杂工艺中 Pb 污染所导致的引脚剥离[5]

4.3 凝固开裂

4.2 节对焊盘与焊点界面的剥离现象进行了讨论，焊料凝固中会有微观偏析产生，即枝晶生长时空隙之间会有液体存在，在凝固的一瞬间产生的热应力导致液体部分割裂，即凝固开裂。凝固开裂的机理在铸造中已被研究透彻。图 4.8 是通孔部位 Sn-Cu 焊料发生凝固开裂的例子。

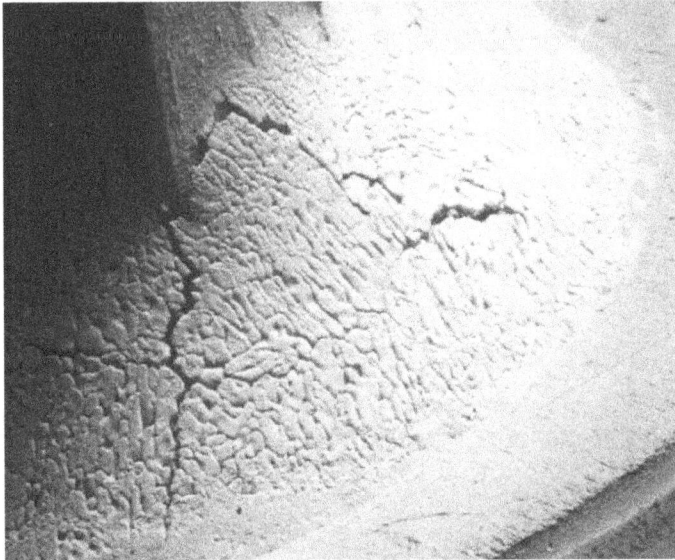

图 4.8　Sn-0.7Cu 通孔焊接时发生的凝固开裂

表面组装所产生的凝固开裂如图 4.9 所示[6]，为 IC 芯片的引脚部分。其中最后凝固的是引脚的内焊点，这里也是裂纹最集中的地区。此例也说明组装基板焊料凝固不均匀，凝固的方向和速度经常变化，因此裂纹的发生常常是不可预料的。

Sn-Ag-Cu 和 Sn-Cu 焊料焊接时，即使不发生裂纹也可观察到表面非常粗糙，如图 4.10 的凹凸断面，凸的部分为 Sn 的枝晶，凹的部分是共晶组织。即 Sn 先以枝晶析出，接着共晶液相凝固，并同时凝固收缩，收缩的体积在 Sn 晶粒之间形成粗糙的表面。

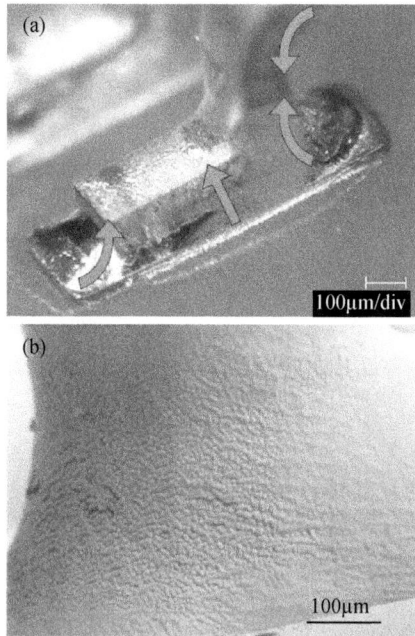

图 4.9　Sn-3Ag-0.5Cu 回流焊引脚（a）中的背焊点凝固开裂（b），其中箭头所示为凝固方向

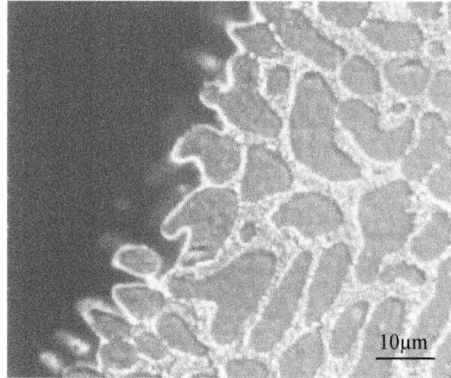

图 4.10　Sn-3Ag-0.5Cu 焊点近表面侧的截面组织

　　温度循环载荷是否会引起应力集中导致凝固开裂现在还没有定论，但粗糙表面凹的部分一般是较硬的共晶组织，因此通常（不是绝对）认为是 Sn 枝晶在温度变化中发生变形，而降低了裂纹发生的概率。但为了保证可靠性，一般希望能够得到较光滑的表面。有报告称 Sn-Ag-Cu 合金凝固时增加冷却速度可以起到一定的效果。另外如图 4.11 所示，改变焊料成分，增加 Ag 的比例也可抑制表面的凝固缺陷。如前文所述，添加 Ag 还有很多好处，不失为一个良好的解决方案。

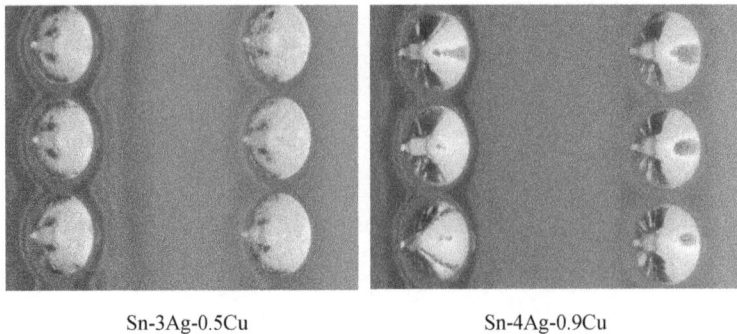

Sn-3Ag-0.5Cu   Sn-4Ag-0.9Cu

图 4.11　Sn-Ag-Cu 合金组分改变引起的焊点表面状态变化（千住金属工业）

4.4　焊盘剥落

　　焊盘剥落虽然不属于凝固缺陷，但也是在凝固中所发生的失效现象之一。在凝固过程中，并没有发生焊点剥离，而是焊点下的焊盘整个脱落的现象。如图 4.12 所示，这是凝固中的应力得不到释放而集中于焊盘与基板之间导致的。使用 Sn-Pb 焊料波峰焊时就经常因基板受潮而发生焊盘剥落，如果再加上热循环疲劳可能导致整个布线的破坏，因此该问题在基板设计时就需考虑到。

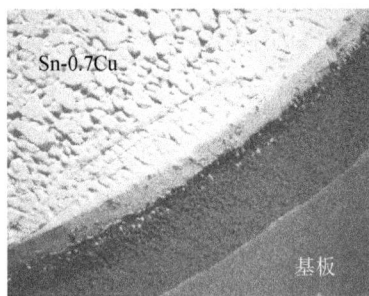

图 4.12　Sn-0.7Cu 通孔波峰焊时的焊盘剥离

4.5　抑制凝固缺陷提高可靠性的对策

　　前节介绍了粗大金属间化合物、焊点剥离等缺陷，本节将总结目前凝固缺陷的对策。为了控制缺陷发生，总结以下重点以供参考。

粗大金属间化合物的对策

（1）合金组分偏向低 Ag 量侧：约 3.2wt%可以保证抑制粗大金属间化合物的形成，但此组分易发生其他凝固缺陷，需权衡利弊。

（2）冷却速度的快慢：初晶在冷却速度慢的情况下易长大，增大冷却速度被证明是有效的。

（3）加入外来凝固形核：虽然没有直接报道，但过冷度较大时更易形成粗大化合物。为了提早凝固，可以添加外来形核，可使金属组织微细化。

焊点剥离的对策

（1）使用单面基板：效果不言而喻。

（2）使用近共晶合金：Sn-3.5Ag-0.7Cu 附近最好。

（3）避免使用含 Bi、In 合金：抑制过大的固液两相共存区。另外，避免在高温下生成固体，降低液相线高度。

（4）避免使用 Sn-Pb 镀层部件：理由如前文所述。

（5）加快焊料冷却速度：防止形成粗大枝晶，抑制偏析。水冷能很好地抑制偏析。

（6）缓冷：冷却过程中在发生焊点剥离和凝固开裂的温度之前停止降温。进行回火处理。可以促使 Bi 的扩散，防止界面偏析产生。同时也处理了枝晶，缓和了残余应力。

（7）添加细化组织的元素：添加微量的第三元素以减少 Bi 的偏析。

（8）热传导设计：提高基板的热导率，设计时考虑放热，可使用有着内部金属核的多层基板等。

（9）减少基板的热收缩量：基板厚度方向的热收缩减小可以降低导致焊点剥离的应力。

复合工艺所带来的片面界面剥离现象可以通过以下的方法来缓解：

（10）使用冷却速度快的 Cu 引脚部件。

（11）抑制基板的弯曲变形。

抑制焊点剥离最直接的办法就是使用不含 Bi、In、Pb 的焊料，并且镀层也使用相同成分的合金。基板的改善如导热性的改善或热膨胀的抑制，亦或是工艺方案的调整等方法并不只是抑制焊点剥离，也是提高整体可靠性的方法。

凝固开裂的对策

与抑制焊点剥离的方法基本一致，采用以下对策替换焊点剥离对策的第（2）点。

使用过共晶合金成分：推荐 Sn-4Ag-0.9Cu 附近为好。

焊盘剥落的对策

（1）提高 Cu 焊盘与基板的结合力：特别是进行焊接时的高温结合强度。

（2）基板自身强度的提高：当发生基板开裂时考虑。

（3）焊盘周围涂覆保护涂料。

（4）采取防潮除湿的手段。

（5）封装布线优化：考虑配线的导热效果。

以上，针对各种凝固缺陷的对策进行了总结，希望在理解缺陷发生机理的前提下结合生产实际灵活运用。

4.6　Pb 污染及其现象

如前文所述，Pb 混入会引起焊点剥离，实际上 Pb 还会引起其他的可靠性问题，这些问题在仍主要使用含 Pb 焊料的航空领域影响极大，因此本节将介绍这些问题的现象及解决的对策。

4.6.1　结晶晶界的劣化

Pb 仅微量存在，就易促进热疲劳裂纹的产生。图 4.13 展示了与通孔同直径的引线在不同镀层上进行-40～125℃间的温度循环（热疲劳）发生的龟裂情况[6]。基板为 FR4，比较 Sn-Pb 与 Sn-Cu 镀层，引线无弯曲折叠，因基板垂直方向与焊料和引线的热膨胀之差导致龟裂产生。热膨胀的大小顺序如下：

基板≥焊料＞Cu 引线＞Fe 引线

这个顺序提供了不少信息，首先需要意识到焊点的裂纹发生与基板的热膨胀差有很大的关系。

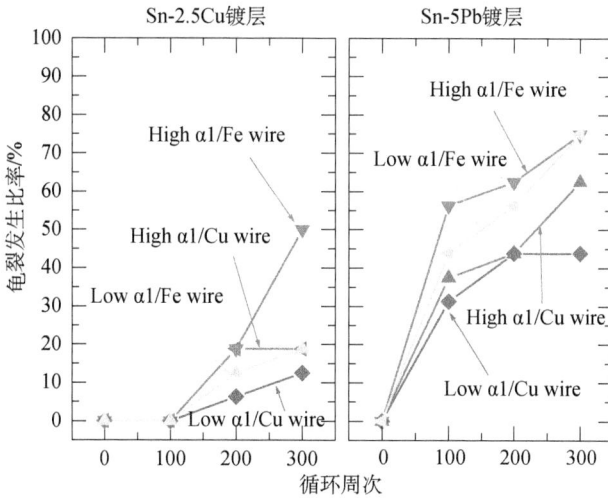

图 4.13　温度循环中各种参数对 Sn-0.7Cu 焊点龟裂发生状况的影响

High α1：基板的膨胀系数大；Low α1：基板的膨胀系数小

Pb 混入的焊料更易出现裂纹。图 4.14 反映了不同焊料和引线经热疲劳测试后的截面，龟裂程度一目了然。可以看出裂纹是沿着 Sn 的晶粒传播，从图 4.15 中可以看出晶粒之间 Pb 有聚集的倾向。Pb 在热循环中易集中于晶界，从而弱化晶界之间的连接。

引线的材质对裂纹的出现也有决定性的作用，Fe 引线就比 Cu 引线更易发生龟裂。Cu 和焊料有着相近的热膨胀率，因此在高可靠性的连接中尽可能先选择 Cu 引线。

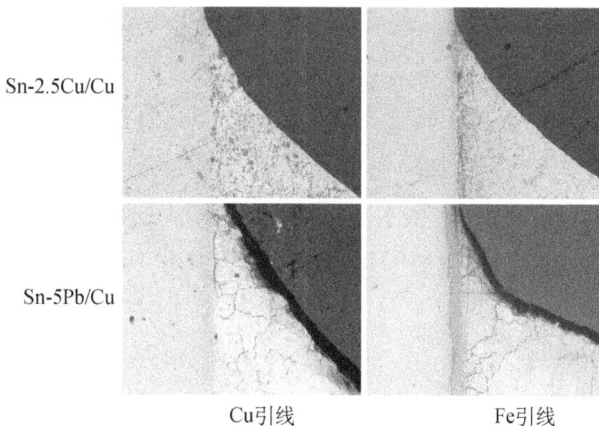

图 4.14　100 循环周次后焊脚的截面组织[1]（基板：High α1）

51

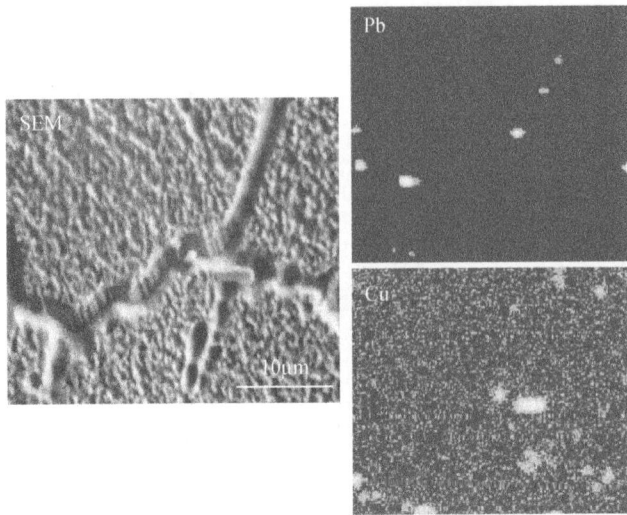

图 4.15　100 循环周次后焊脚内裂纹及其 EPMA 分析

（Low α1/Sn-Pb 镀层/Cu 引线）

4.6.2　低温相形成导致的界面劣化

Pb 混入有 Bi 存在的焊料中会发生更严重的劣化现象。Sn、Pb、Bi 共存时很容易发生偏析，甚至有些地方的熔点可以下降到约 100℃。

如 3.3 节介绍的一样，Sn-58Bi 可以用于 200℃ 以下的低温封装。这种工艺生产的产品在 100℃ 以下有着高可靠性。但是在封装含 Sn-Pb 镀层的部件时，必须要予以注意。图 4.16 显示含 Sn-Pb 镀层的 QFP 引脚封装后，剥离强度与高温时效时间之间的关系。可以看出 100℃ 以下时性能几乎没有劣化，125℃ 后劣化得很明显。这是由于发生了界面反应，形成了 Sn-Bi-Pb 低熔点相的界面。图 4.17 是在各种温度下保持 1000h 后的焊脚截面组织，可以看出 42 合金引脚侧和 Cu 配线侧的化合物层生长显著。特别是在 Sn-Pb 镀层存在的场合下，42 合金侧的化合物层达数十微米厚，甚至出现了大的孔洞[7]。这是因为在存在液体的状态下，元素扩散较固体中快几个数量级，界面反应得以更迅速地进行所造成的。

其他含 Bi 焊料如 Sn-Zn-Bi 也同样会受到 Pb 影响而产生界面劣化，特别是在含 Bi 量为 3%时，影响尤为显著。

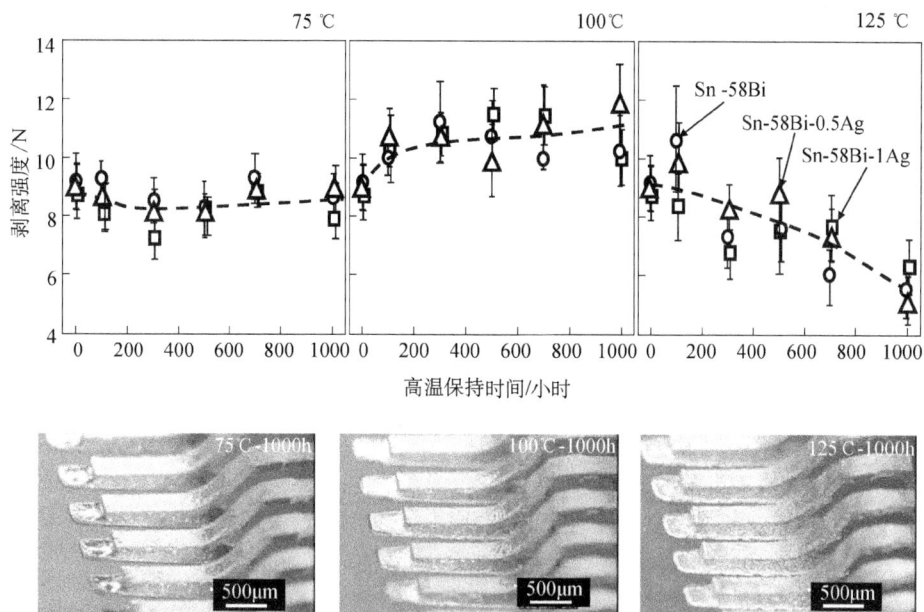

图 4.16   Sn-Bi 共晶焊料 QFP 封装的高温时效实验[7]

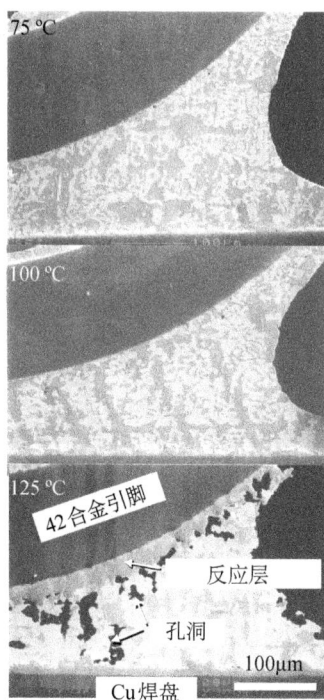

图 4.17   各个温度下保持 100 h 后的焊脚断面组织[7]

4.6.3　促进扩散导致的劣化

Pb 微量存在时可以促进其他元素的扩散，虽然也有好处，但此节只介绍发生劣化的情况。

Sn-Zn 焊料虽可用于低温焊接，但如前面所述，对湿度很敏感。高湿环境下 Zn 会选择性氧化形成 ZnO，使连接变脆[8]。图 4.18 所示的是芯片镀层分别为 Sn-Pb 和 Sn 时，焊点在 85℃/85%湿度的恶劣条件下进行加速试验后的结果。Sn-Pb 镀层的情况下，Zn 的氧化不止是表面，还深入焊点内部，几乎整个焊点都被氧化。而 Sn 镀层仅仅是表面氧化，没有深入内部。这是 Pb 对 Zn 中 O 的扩散产生了促进作用。另外 Bi 也有着同样的效果，可以加速 Zn 的氧化，需要予以注意。

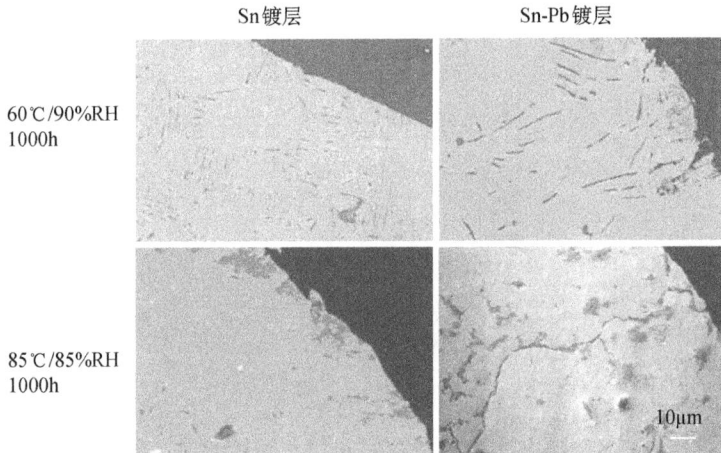

图 4.18　Sn-9Zn 焊脚中 Zn 的氧化状态及 Sn-Pb 镀层的影响

其他的第三元素影响扩散的例子还有很多，Sn 系合金能产生扩散促进的报告不多，其中的机理也未解明。

4.6.4　Pb 污染引起可靠性下降的对策

本节将总结防止 Pb 污染的对策。根本的解决方法就是实行生产过程的完全无铅化。电极镀层的无铅化，波峰焊熔池的成分管理，甚至是生产设备的维修升级都需要尽量防止 Pb 的混入。但在无论如何都会混入 Pb 的场合下，可以使用以下的对策。

结晶晶界的劣化

（1）Sn 晶界的强化：通常在金属中加入第三相可以细化晶粒，但焊料中类似的有效手段还未见报道。

（2）选择热膨胀差较小的部件：选择与焊料有着相近热膨胀率的基板（垂直方向），可以降低配线破坏的概率，以提高热稳定性。

低温相形成导致的界面劣化

（1）避免 Bi、Pb 共存：Bi 量极小的情况下不予考虑。Sn-Bi 共晶焊料、Sn-8Zn-3Bi 需要注意。

（2）限定 100℃以下的温度范围：无法摆脱 Bi、Pb 共存的条态下，通过降温等手法控制设备的工作温度在 100℃以下。

促进扩散导致的劣化

除了完全无铅化再无其他办法。

以上介绍了几例存在 Pb 污染的 Sn 系合金的劣化现象，主要是其促进元素扩散的结果。Pb 在向无铅化过渡的这段时间内会经常性地存留于高可靠性的设备之中。且不说 Sn-Pb 镀层，Sn 焊料的原料当中都有可能混入微量的 Pb，金属在回收时也可能混入 Pb。焊料中的 Pb 管理，并不仅仅是为了满足法规的要求，从可靠性的观点来看也是非常重要的。不仅是 Pb，其他的微量元素影响也很大，如有着同样效果的 Bi，因此焊料成分管理再怎么严格也不为过。

参 考 文 献

［1］K. Suganuma: *Scripta Materialia*, **38**（1998），1333-1340.

［2］H. Takao, H. Hasegawa: *J. Electron. Mater.*, **30**[5]（2001），513-520.

［3］K. Suganuma, M. Ueshima, I. Ohnaka, H. Yasuda, J. Zhu and M. Matsuda: *Acta Mater.*, **48**（2000），4475-4481.

［4］日比野俊治，末次宪一郎，高野宏明，田中正人：MES2000，（2000），211.

［5］石塚直美、松本昭一、河野英一、金井政史：Mate2001，（2001），411.

［6］S.-H. Huh, K.-S. Kim, K. Suganuma: 4th Pacific Rim International Conference on Advanced Materials and Processing（PRICM4），eds. By S. Hanada, Z. Zhong, S. W. Nam and R. N. Wright, Japan Inst. Metals,（2001），1071-1074.

［7］K. Suganuma, T. Sakai, K.-S. Kim, Y. Takagi, J. Sugimoto, M. Ueshima: *IEEE Trans. On Electronics Packaging Manufacturing*, **25**[4]（2002），257-261.

［8］J. Jiang, J.-E. Lee, K.-S. Kim, K. Suganuma: *J. Alloys Compd.*, **462**[1-2]（2008），244-251.

第 5 章
焊料的润湿行为

润湿行为是水和油等液体在玻璃等固体表面扩张的现象，作为常见的物理现象此方面的各种研究也层出不穷。平面与液滴接触所形成的角度被称为接触角，接触角大于 90°被称为不润湿，90°以下被称为润湿。润湿现象本质上与纳米尺度的微流体有关，是最尖端的科学研究对象。本章只介绍实际应用中焊料在基板上的润湿现象，不予更深层次的讨论。

5.1　焊料的润湿性

软钎焊过程中形成的焊点形状会对封装设备的可靠性产生很大的影响，而润湿性则对焊点的形成至关重要，实际上润湿性是软钎焊过程中屈指可数的可用数字表达的重要参数之一。焊接中决定润湿性的首要因素是 Sn 本身的表面张力，其他影响因素还包括 Sn 与器件电极的反应能力以及电极与焊料的表面氧化状况。焊料与电极的润湿机理如图 5.1 所示，接下来均基于此图展开讨论。

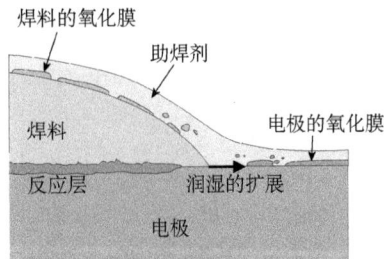

图 5.1　焊料润湿性相关因素

首先对润湿性的基本参数进行讨论，需要注意的有三点：有效破坏氧化膜使金属表面相互接触、适度抑制界面反应及在发生界面反应时使其组织稳定化。接合界面的强度可以用以前的润湿性方法来评价，图 5.2 是静滴法（sessile drop）的示意图，接触角 θ、金属表面能 γ_m 以及粘附功 W_{ad} 之间有以下关系（Young-Dupre 公式）：

$$W_{ad} = \gamma_m\,(1+\cos\theta) \tag{5.1}$$

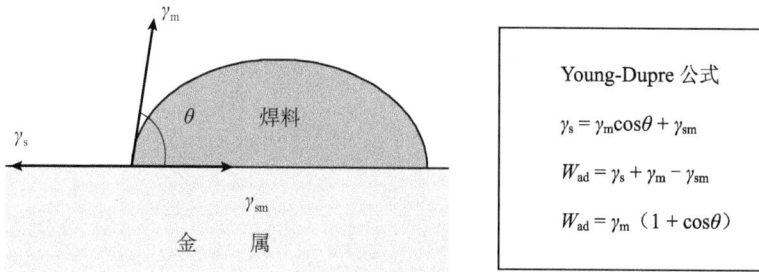

图 5.2　润湿与接触角

因此只需要测定接触角，并查出金属的表面能（也称表面张力）就可以根据式（5.1）求出 W_{ad}，对焊料的焊接性进行评价，这是预测界面强度较重要的指标之一。求接触角的方法，除了静滴法以外还有后文将介绍的润湿称量法。

通常，容易反应的体系有利于界面形成，但焊接过程易受氧化膜的影响，较活泼的金属容易形成氧化膜又会造成连接强度降低。因此需要使用强有力的助焊剂，并选择还原性气体进行保护。接触角大于 90° 被称为不润湿，90° 以下被称为润湿。而且，有时还会发生润湿后退润湿（dewetting）的现象，这种情况需要考虑焊料和界面所形成的金属间化合物的影响。特别是在界面已经生成金属间化合物的位置进行补焊时，焊料与金属间化合物的界面状态会对润湿性有很大影响。

5.2　温度与合金元素的影响

焊接温度对润湿性有很大影响。一般在不发生氧化的气氛下，温度越高润湿性越好，这与表面张力和界面反应有关。对于纯金属，表面张力大致如下式所示呈线性关系减小：

$$\gamma_m = A - B \cdot T \tag{5.2}$$

式中 A，B 为材料常数，T 为温度。对于合金材料将会是如图 5.3 所示的有拐点的曲线[1]。

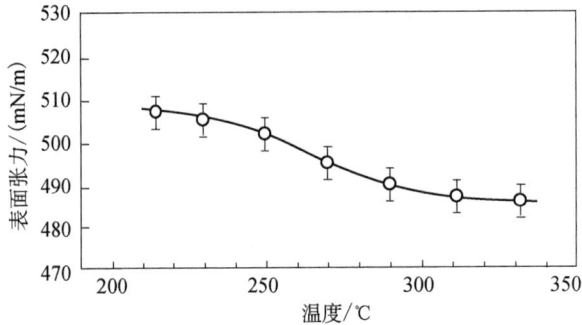

图 5.3　Sn-40Pb 合金表面张力随温度的变化[1]

合金元素的种类和添加量也会对润湿性产生很大的影响。图 5.4 所示的是 Sn-Pb，Sn-Bi，Sn-Sb 二元合金的表面张力与其组分的关系。所有焊料的表面张力都随合金元素含量的增加而减小。通过式（5.1）可知，焊料的表面张力越小润湿性越好。但 Cu、Ag、P 等元素的添加却没有类似的效果，甚至有可能导致润湿性能下降，具体作用如何目前没有取得统一的共识[2]。另外，Zn 元素会使润湿性明显下降，这可能是因为 Zn 的氧化带来的影响比较大。

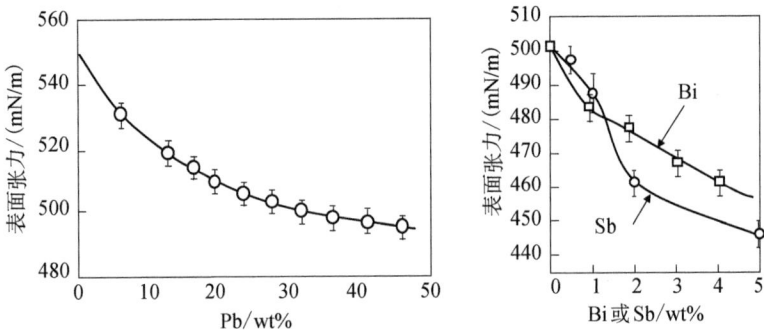

图 5.4　焊料合金组分对表面张力的影响

Sn 的氧化膜非常致密，即使在真空中也不能忽略其对润湿性的影响。目前对 Sn 的润湿数据积累得比较多,但可惜都不是在完全去除氧化膜的条件下获得的,无法看作真实准确的润湿性数据。而且伴随着氧化膜的破坏和润湿的进行,界面反应相的生长也在同时发生,详细情况将在 5.3 介绍。因此,润湿性随时间变化的倾向比较明显。图 5.5 显示了高速摄像机拍摄的润湿角随时间的变化趋势[3]。

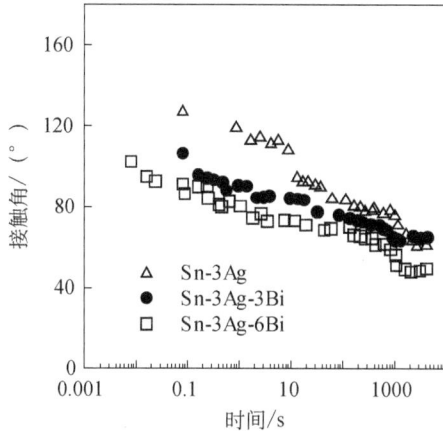

图 5.5 Sn-3Ag-*x*Bi 焊料与 42 合金接触角随时间的变化[3]

工业生产中的焊接一般都是短时间内在大气中进行,为除去 Sn 合金氧化膜及电极氧化膜,一般都使用助焊剂。锡钎焊焊剂主要由三种成分组成,基础为 20%~30%的松香,1%的用于清洁表面的活性剂(如胺),其余为酒精溶剂。一般参照美国 MIL 标准分为 RA(含 Cl 较多的强活性系)和 RMA(弱活性系)两种。

助焊剂活性越高,氧化控制得越好,润湿性越好。图 5.6 反映了焊剂中 Cl 含量与焊料在铜板上润湿扩展率的关系[4]。随着 Cl 浓度增加,Sn-Pb 共晶焊料及无铅焊料的润湿扩展率均增加。

在使用焊剂后润湿性仍达不到要求的情况下,可以采用氮气等惰性气体或氢气等还原性气体进行保护。氢气只有在高温下才能发挥还原作用,低温下可以使用甲酸气体。另外与玻璃等非金属材料连接时,不采用助焊剂,而是使用超声波来保证有效润湿[5]。

器件电极表面的工艺处理类型和状态也对润湿性能有很大的影响。图 5.7(a)对比了浸渍锡镀膜处理和咪唑(imidazole)处理后,再在 100℃上下加热时效

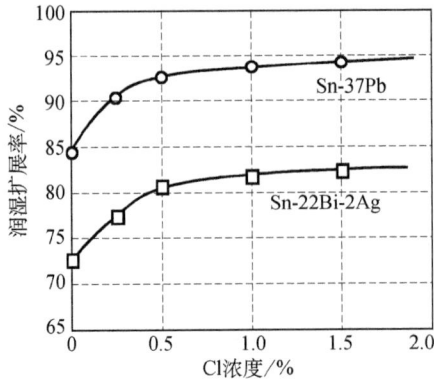

图 5.6　助焊剂中 Cl 含量对润湿性的影响[4]

1h 后 Cu 表面润湿性（2s）的变化情况[6]。咪唑处理的试样润湿性随着温度的
上升而降低，推测是因为咪唑在温度大约超过 100℃时产生分解，氧化开始进
行。与此相反，浸渍镀锡样品没有氧化迹象。另外基板和部件的保存环境对
润湿性也有很大影响。图 5.7（b）所示为湿度的影响，湿度升高能促进 Sn 氧
化膜的生长，造成润湿性下降。

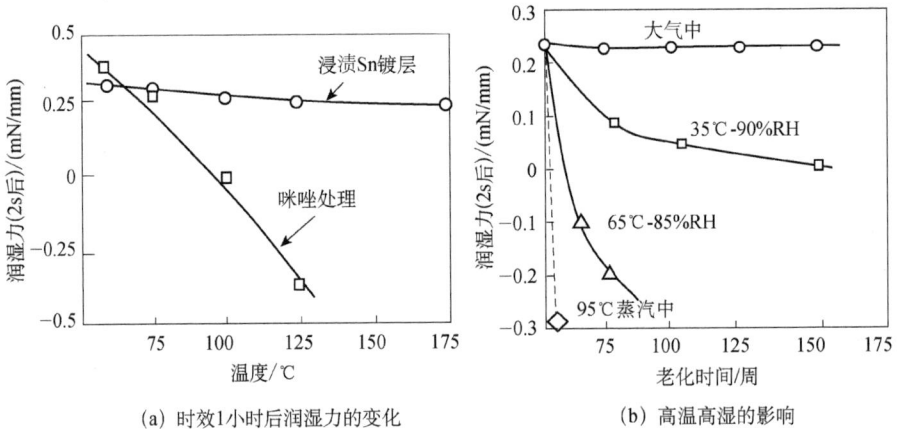

(a) 时效1小时后润湿力的变化　　　　　(b) 高温高湿的影响

图 5.7　老化对润湿性（浸渍 2s 后）的影响

浸渍镀层常用的有 Sn/Ni、Au/Ni 和 Au/Pd/Ni 等。上述镀层均能有效防止
Cu 表面氧化，在确保润湿性方面很有效果。图 5.8 为表面处理及时效时间与
润湿时间的关系，图中显示仅镀 Pd 也有良好的防氧化效果，然而超过 275℃
后，会因为 Pd 的氧化而使得润湿性下降[7]。与此相比，进行 Au 闪镀以后，
一直到 325℃也能保持良好的状态。

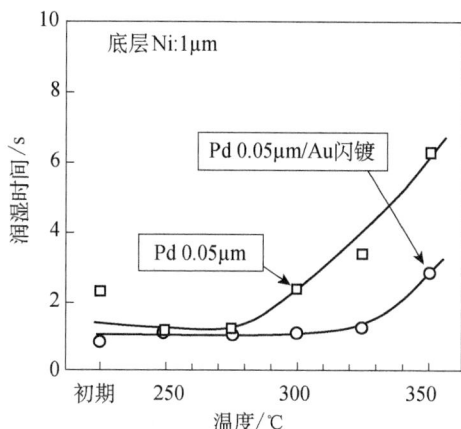

图 5.8　Au/Pd 表面处理对润湿时间的影响[7]

5.3　Sn 合金和金属界面反应的影响

　　Sn 合金与金属界面的形成过程几乎都伴随着层状金属间化合物的形成。图 5.9 为两个 Cu 电极的典型界面组织。图 5.9（a）为反应时间为 1min 以内的界面，也是与实际中几乎所有电子设备软钎焊工艺相近的连接界面。这种场合下，基板金属表面的变化很小，近似看作平板。图 5.9（b）是在高温下长时间接触的情况下得到的组织，电极发生了明显的侵蚀，界面化合物层很厚，曾经固溶在 Sn 中的 Cu 也析出，以化合物的形式分散其中。此时界面变化较大，不能再近似看作平板，测定润湿角时需要注意。

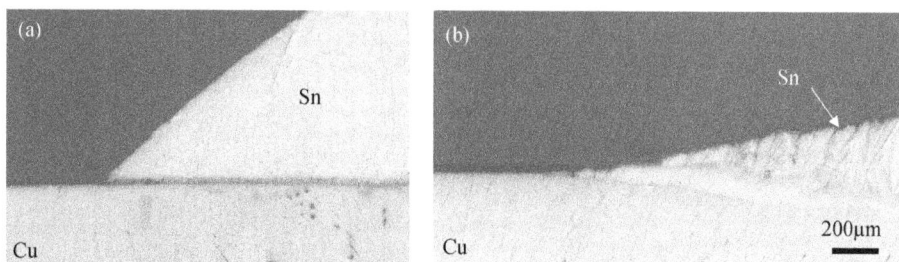

图 5.9　典型焊料（纯 Sn）/Cu 接触界面的边缘部分

（a）250℃反应 1min 左右；（b）250℃反应 30min 左右

5.4 润湿性试验方法

评价焊料的润湿性，与其说是通过测定润湿角，其实更多的是进行模拟组装的润湿称量法（润湿平衡法）和润湿扩展实验。除此之外，还有浸渍法、环球法等各种方法。下面介绍具有代表性的润湿称量法和润湿扩展实验方法。

5.4.1 润湿称量法（润湿平衡）

该方法如图 5.10 所示。将试片浸入焊料中，测量提升时的载荷曲线，然后根据该载荷曲线，得出对润湿时间以及浮力进行修正后的润湿力。该方法作为模拟波峰焊的试验方法已得到公认。

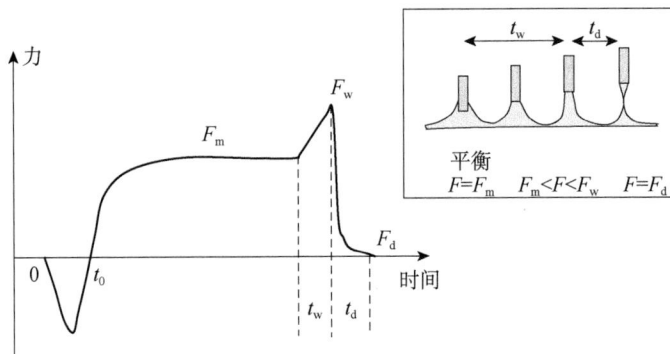

图 5.10　Wetting balance 法（润湿平衡法）

t_0：润湿时间（zero cross time），F_m：最大润湿力，t_w：峰值时间

F_w：最大拉力，t_d：滴落时间，F_d：最终力

润湿力 F 可从下式求得：

$$F = p\gamma\cos\theta - \rho g V \qquad (5.3)$$

式中，p 为试样的周长；γ 为焊料的表面张力；ρ 为密度；g 为重力加速度；V 为浸渍体积。

试验得到的参数中，润湿力（F），润湿时间（t_0）等比较重要。润湿称量法得到的润湿时间不一定能表示润湿的本质，它受试样大小和表面状态、焊料槽的表面积和体积、焊剂、试验条件等的影响。图 5.11 就展示了润湿时间和润湿力取决于浸渍速度的实例[8]。

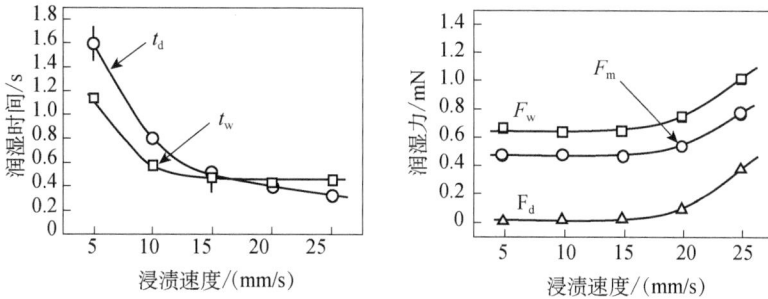

图 5.11　浸渍速度对润湿时间和润湿力的影响[8]

5.4.2　润湿扩展实验（日本工业标准 JIS Z3197）

扩展实验是使用一定量的焊料，用焊接的方法处理使焊料扩展，测定扩展前后的高度，用下列公式求扩展率（图 5.12）。

$$扩展率（\%）=100×（D-h）/D \tag{5.4}$$

式中，h 为扩展后的焊料高度（测定值）；D 为将所用的焊料看作球形时的直径。必须保证均匀扩展，同时需要考虑扩展率随时间变化的效果。通常，Sn-Pb 共晶焊料具有超过 90% 的润湿扩展率，无铅焊料目前也能达到相同的值。

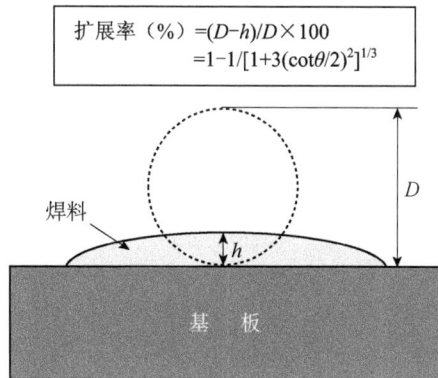

图 5.12　润湿扩散实验（JIS Z3197）

作为评价润湿扩展状态的方法，除此之外还有将微量的焊料（0.3mg 左右）置于铜板上，测量其润湿面积的简便方法。图 5.13 为使用该方法的测定实例[9]。

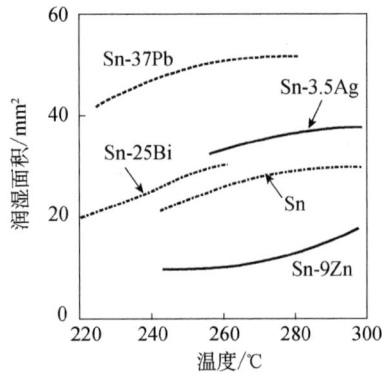

图 5.13　温度对各种焊料润湿面积的影响（真空中测定）[9]

5.5　润湿性相关课题

本章介绍了有关焊料润湿性的内容。润湿现象一方面反映了材料界面形成的本质，另外也受氧化及界面反应时间等的影响，因此很难真正理解其本质。目前封装技术正朝着高密度、小间距的方向迈进，软钎焊技术也必须有着相应的发展。今后的封装技术在满足精密化的同时也要求有较高的可靠性，必须从根本上理解润湿性，确定评价技术，并研究微连接中润湿性的控制方法。

参 考 文 献

［1］ M. A. Carroll, M. E. Warwick；*Mater. Sci. Technol.*, **3**（1987），1040-1045.

［2］ M. E. Loomans, S. Vaynman, G. Ghosh and M. E. Fine；*J. Electron. Mater.*, **23**（1989），741-746.

［3］ C-W. Hwang, K. Suganuma, E. Saiz, and A. P. Tomsia；*Trans. JWRI*, **30**（2001），Sp. 167-172. Third International Conference on High Temperature Capillarity, HTC2000, Kurashiki, 19-22 November, 2000.

［4］ 原 四郎「鉛フリーはんだ評価報告集 vol.1」，回路実装学会鉛フリーはんだ研究会（1997），21-22.

［5］ 杳掛行徳，旭硝子研究報告，**30**［2］（1980），122-133.

［6］ J. Y. Park, C. S. Kang, J. P. Jung；*J. Electron. Mater.*, **28**（1999），1256-1262.

［7］ U. Ray, I. Artaki, H. M. Gordon, P. T. Vianco；*J. Electron. Mater.*, **23**（1994），779-785.

［8］ H. Tanaka, M. Tanimoto, A. Matuda, T. Uno, M. Kurihara, S. Shiga；*J. Electron. Mater.*, **28**（1999），1216-1230.

［9］ 菅沼克昭，回路実装学会誌，**12**［3］（1997），83-89.

第 6 章
软钎焊的界面反应及劣化

　　软钎焊接头的强度是由界面组织的状态决定的，因此理解软钎焊过程中的界面反应与界面组织的形成非常重要。如"焊接界面反应层多厚才合适"的问题，其实很难回答。因为一般没有界面反应层就意味着连接强度低下。而且如果看不到界面反应层，也确实担忧是否真的焊接成功了。本章将介绍焊接中有关界面形成的知识。

6.1　焊料和金属的反应

　　软钎焊过程中，熔化的焊料与金属电极接触，焊料以液体的形式，电极以固体形式发生反应。图 6.1 表示了此反应的一般模式。在数十秒与数分钟的反应时间内，电极侧的 Cu 与界面材料的反应相当迅速。此时主要是 Sn 与界面的反应，大多数合金元素如 Ag、Bi 均不与界面发生反应。但 Zn 等活性金属可能先于 Sn 发生反应。图 6.2 为典型的 Sn-Ag-Cu 焊料与 Cu 基板反应后的界面组织[1]。包括 Sn-Pb 共晶焊料，几乎所有的电子器件焊点界面构造都与此相近，焊料侧可以观察到显著的凹凸不平，化合物基本都向着熔化的焊料区生长。最终的反应层由焊料侧的贝壳状（scallop）的 Cu_6Sn_5 和 Cu 侧的薄层 Cu_3Sn 构成，在回流焊时，Cu_3Sn 大多为 1μm 以下的薄层，SEM 观察时几乎看不见。因此显微照片中几乎都是 Cu_6Sn_5。

　　界面层的厚度对连接结构的可靠性有非常大的影响，特别是过厚的反

构成材料+工艺条件

润湿扩展和界面形成

反应层的成长和凝固缺陷形成

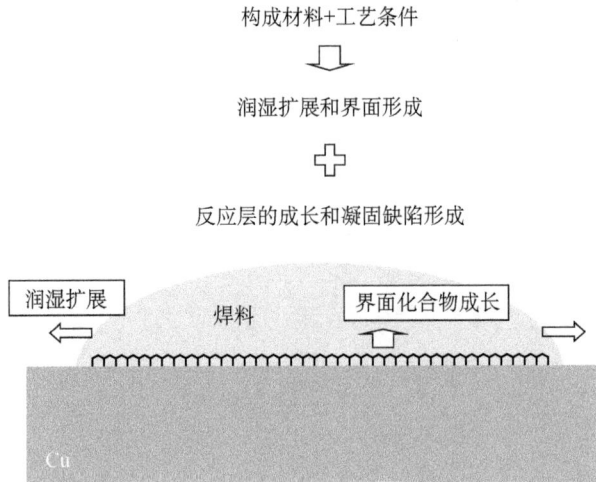

图 6.1　软钎焊的界面反应模型

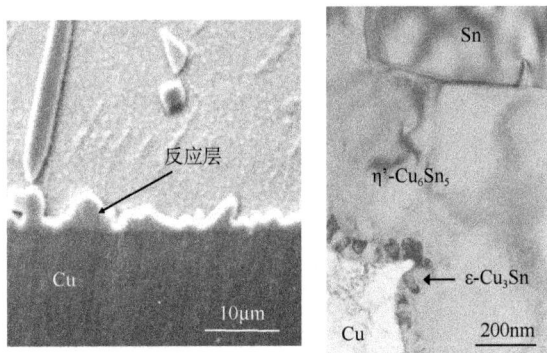

图 6.2　回流焊后 Sn-Ag-Bi 系焊料和 Cu 的界面[1]

应层及其中出现的缺陷会对连接产生危害。界面反应层为金属间化合物的情况则更脆，它们与组装基板和部件等的热膨胀率、弹性率等物性差别很大，因此反应层生长越厚就越容易出现裂纹的风险。为了确保可靠性，需要了解界面反应状态及反应层生长的机理。

　　图 6.3 是焊料凝固后，Sn 和 Sn-3.5Ag 与 Cu 的界面反应层生长的情况[2]。两者反应层的组分完全相同但生长的速度却有很大差异，可以看出在预测界面反应时，Sn 含量及合金成分也需要予以考虑。

　　观察整个反应层厚度与时间的关系，可以发现反应层厚度与 $\sqrt{t}$ 成比例关系。很多固相反应中反应层在生长中元素扩散速度有限，厚度与时间的关系可写成

$$X - X_0 \propto \sqrt{t} \tag{6.1}$$

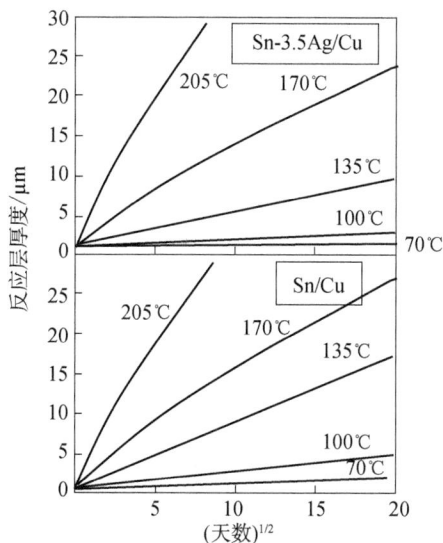

图 6.3　固相中反应层的生长[2]

X 为反应层厚度；X_0 为初期厚度（到达给定焊接温度时生成的厚度）；t 为反应时间，如果考虑温度及扩散的激活能 Q，将有如下表示式：

$$X(t, T) = X(0, T) + k_0 t^n \exp\left(-\frac{Q}{RT}\right) \tag{6.2}$$

其中，A 为常数；R 为气体常数；T 为热力学温度，值得注意的是，元素的扩散并不仅发生在焊料和芯片电极中，反应层内的扩散也需要考虑。

当扩散速度有限时，$n=0.5$，式（6.2）可以正确反映具有一层反应层的情况，多层反应层的情况类似。实际上 Sn 系合金与 Cu 界面的固相反应有两层化合物相存在，有报告称 n 的取值应在 0.4～0.5。从此式出发，利用阿伦尼乌斯作图法（Arrhenius plot）对实验数据进行处理从而能求出激活能 Q，将 Q 与数据库进行比对，可以推测影响扩散的其他参数。

值得注意的是，即使在固态的某些情况下，扩散路径也并不只有一条。更何况软钎焊时焊点还有一部分呈现液态，因此界面形成的现象更为复杂。图 6.4 是通常的扩散路径模式图。Cu 和 Ni 等元素在 Sn 中的扩散非常快。Cu 为基材的时候，通过化合物层向 Sn 中扩散，而扩散迁移后，Cu 原子欠缺的位置（金属间化合物与 Cu 的界面）将会生成孔洞，这被称为柯肯达尔孔洞（Kirkendall void）。扩散中仅考虑固体中的晶格扩散是不行的，还需考虑沿晶界和界面的扩散。特别是在温度较低的情况下，类似晶界上原子排列较为紊乱的地方会优先扩散。因此，Sn 虽然并不容易形成空孔等晶格缺陷，但是 Sn 晶格之间比较容易扩散，无法简单地进行预测，甚至在有些场合还要考虑相互扩散。

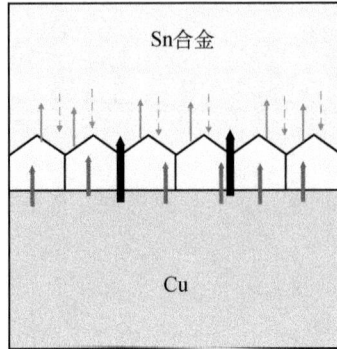

图 6.4　Sn 合金和 Cu 界面固相间的扩散路径

认为焊接中反应层生长速度仅受到 Cu 扩散限制的想法是错误的。实际上，在 250℃左右温度下 Cu/Sn-Ag 的反应界面的 n 值约为 0.33（＞220℃），Ni/Sn-Pb-Ag 界面的反应 n 值在 250℃下测得也为 0.33[3]。甚至 Cu/Sn-36Pb-2Ag 在 189℃以上时的反应 n 值仅有 0.25[4]。因此要正确理解扩散现象，必须综合考虑焊料组成、基材种类、反应条件等因素，分情况个别讨论。

另外，在界面自身分解反应比较缓慢的情况下，化合物的形成受到界面分解反应的限制，由界面反应控制。就是说，在化合物生成速度大于界面分解速度的情况下，n 值约为 1，但焊接的场合极少出现这种情况。

在焊接过程中，除了扩散导致的界面化合物层（IMC）生长外，还有焊料中的元素溶解、凝固过程的相析出（precipitation）等现象。图 6.5 将这些影响界面反应层生长的要素分别展示，晶体析出相对于整体生长的影响较小可以忽视。图 6.1 所示 Sn 合金侧凹凸不平的界面，在图 6.6 中可以更为立体地展现出表面的状态，可以看见有如小石子形状的接近于圆的多面体化合物形成（Cu_6Sn_5）[5]。这种凹凸现象是熔融状态下焊料中原子扩散要高出固体中几个数量级，在易生长的晶面上得到充分的原子供应而优先形核生长造成的。这种如石子般的单晶的生长需要综合考虑反应层中的晶界扩散、与液体焊料接触的表面扩散以及生长速度等。如图 6.7 所示，这个过程可以用"FDR（flux-driven ripening）理论"进行说明[6]，供给 Cu_6Sn_5 的 Cu 原子通过 Cu_6Sn_5 的晶粒间隙高速扩散，此理论认为化合物的表面积不随时间变化而变化，而仅仅是体积长大。

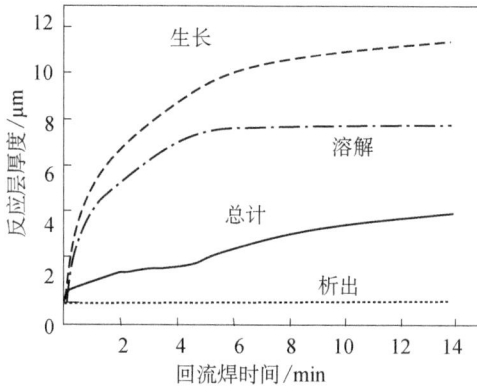

图 6.5 回流焊后 Sn-3.5Ag/Cu 界面上反应层的生长 [4]

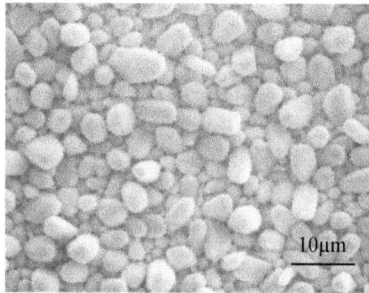

图 6.6 回流焊后 Sn-3.9Ag-0.6Cu 与 Cu 基板反应层的形态（焊料用酸腐蚀后）[5]

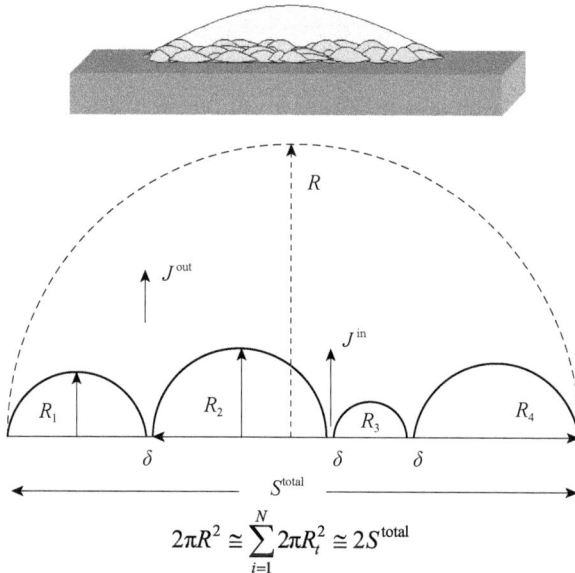

$$2\pi R^2 \cong \sum_{i=1}^{N} 2\pi R_i^2 \cong 2S^{\text{total}}$$

图 6.7 用以预测熔融焊料和基板界面反应的 FDR 理论

之后，反应层从界面游离出来的剥落（spalling）现象也被发现。反应层剥落后新的反应层会在界面继续生长。图 6.8 为 Sn-Zn 系焊料与 Au/Ni-P 化学镀层界面的反应层组织，很明显 Au-Zn 化合物层有剥离现象[7]，如后文所述，Sn-Ag-Cu 系焊料中也有同样的现象出现，并影响到了接合强度。出现此种现象的原因也与液相中元素扩散速度过快有关。

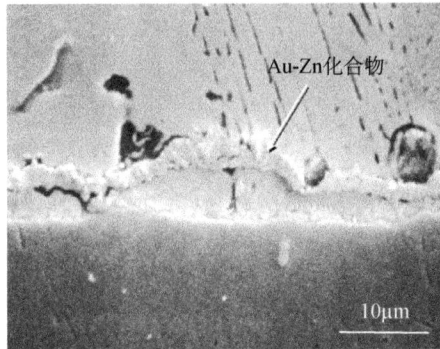

图 6.8　Sn-8Zn-3Bi/Au/Ni/Cu 界面上的反应层的剥离[7]

6.2　黑　焊　盘

Au 闪镀/Ni-P 化学镀技术可确保 Cu 引线不受氧化和污染的影响，因此被作为高可靠性镀层技术投入使用（简称 ENIG 电镀技术）。两种方法都是能够确保润湿性的高级基板处理技术，但是经处理后的基板投入市场后却时有故障发生。虽然焊接后外观上很完美，但实际使用时却出现部件剥落的情况。甚至再度用手工焊修补也无济于事。原本为解决可靠性而引入的 Ni-P 镀层不时发生问题，成为业界的一个烦恼。因故障基板的部件剥离面为黑色，于是此种现象被称为"黑焊盘"现象，图 6.9 所示为典型的剥离面形貌。

黑焊盘发生的原因有二：一是镀层本身的品质存在问题；二是与焊接时的条件有关。在说明这两点之前，先介绍 Ni 与 Sn 的界面结构。图 6.10 是纯 Ni、Ni-P 镀层和 Sn-Ag 及 Sn-Ag-Cu 焊料的回流焊界面结构示意图[8]。回流焊后反应层非常薄，约 2μm。焊料侧形成化合物 Ni_3Sn_4，Ni 层侧形成较薄的 Ni_3Sn_2 层。Ni_3Sn_2 厚约 20nm，SEM 无法观察。为防止 Ni 的氧化，常在 Ni 上闪镀一层 Au，但 Au 的厚度约 50nm，回流焊的瞬间就已溶于焊料之中。

图 6.9　黑焊盘导致 IC 芯片脱落的基板

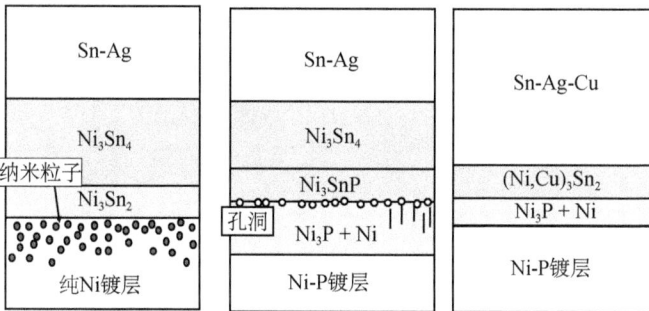

图 6.10　各种 Ni 镀层和 Sn-Ag（-Cu）的反应界面示意图[8]

6.2.1　镀层品质导致的黑焊盘

生产中最常用的化学镀 Ni 组成约为 Ni-6wt%P，黑焊盘多数发生的场合首先是 Ni-P 镀层品质不达标所致，所谓品质不达标特指 Ni-P 在镀 Au 前已被氧化（腐蚀）。闪镀 Au 后，Ni-P 镀层的好坏已无法用肉眼分辨出。但经过腐蚀 Au 后区别非常明显。如图 6.11 所示，正常镀层显白色且呈凹凸不平的状态，而出现黑焊盘的镀层会出现黑色的斑点和网格状的组织[9]。

图 6.12 是问题镀层的断面组织。可以看见黑点以及裂纹，这是无定型的非晶态腐蚀组织。这些黑色的组织是 Cu 的污染及 Ni 的氧化共同导致的，在

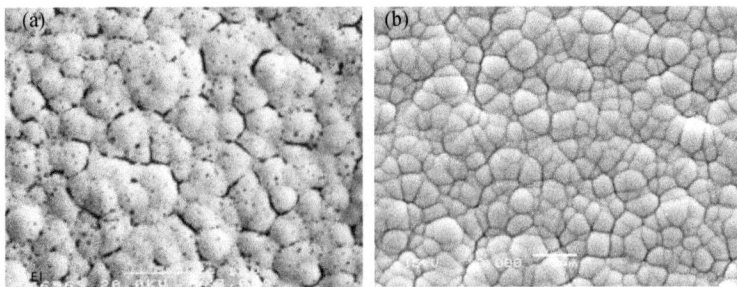

图 6.11　Au 层剥离后的 Ni-6P 镀层 [9]

（a）黑焊盘现象发生的 Ni-P 镀层；（b）正常的 Ni-P 镀层

焊接时，因为有 Au 镀层存在，润湿性表现很好，但是实际上底下的 Ni 镀层已经氧化了，无法形成界面互连。Ni 镀层的氧化（腐蚀），在置换镀液中出现的风险较高，因此电镀液的管理至关重要。

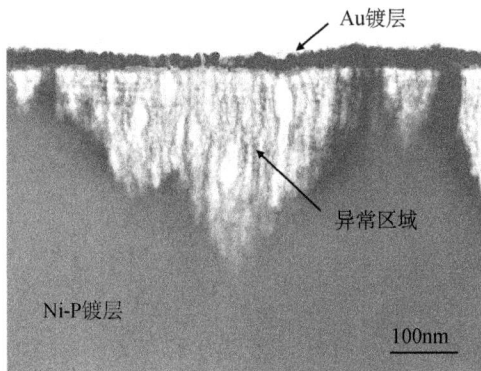

图 6.12　发生黑焊盘现象的原始基板表面的 TEM 照片

6.2.2　钎焊工艺导致的黑焊盘

回流焊条件过于苛刻也可能导致黑焊盘，界面反应是其原因。

图 6.13 是 Sn-Ag 共晶焊球与 Au/Ni-P 镀层在 230℃的反应界面，改变回流焊的时间可以改变界面组织 [10]。假定工艺为多次回流焊，可以看到 Sn-Ag/Ni-P 界面组织时刻都在变化。初期的 40s 回流焊中 Ni 镀层保持着原始厚度，而焊料侧则形成极薄而不规则的一层界面反应层。保温 5min 后，化合物表面变得凹凸不平，层厚可突破 10μm。图中（A）为 Ni_3Sn_4 相，（C）为 Ni-P 镀层内黑灰色约 2μm 厚的薄层。在初期 40s 的照片中如果仔细观察，也

能发现相同的薄层，只是厚度不到 1μm。保温 10min 后的反应照片中，Ni_3Sn_4 层几乎消失，取而代之的是焊料中多角形的金属间化合物（B），这是由于发生了前节所介绍的反应层剥落，而剥落在整个反应中不只发生一次，随着反应时间的增加而反复发生。另外，Ni-P 镀层内的黑色反应层（C）也会随着反应时间的延长而变厚，此层为富磷层。Ni 由于向焊料中扩散而在 Ni-P 镀层中的含量降低，相对来说 P 的浓度则升高。而富磷层的增厚会导致 Ni-P 镀层变薄，特别是当反应时间大于 10min 的情况下此现象特别明显。由于富磷层较脆，镀层将会出现纵向裂纹。少数情况下可以看见 Ni_3Sn_2（或 Ni_3SnP）层内出现许多孔洞，富磷层内也能观察到纵向生长的孔洞。图 6.14 就是其中一例，孔洞和纵向裂纹共同作用，最终导致结合强度大幅削弱。

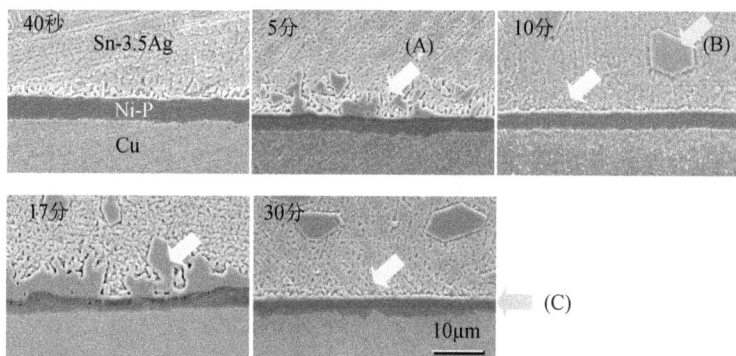

图 6.13 Sn-3.5Ag/Ni-6P 在 230℃下界面组织的变化 [10]

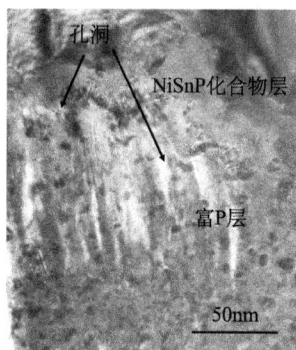

图 6.14 Sn-Pb 共晶焊料与 Ni-P 镀层焊接后的界面孔洞

Sn-Ag-Cu 焊料由于 Cu 的加入，界面层的组织会发生变化。界面之间会出现（Cu,Ni）$_6Sn_5$ 反应层。Ni-P 镀层中 Ni 的溶出较慢，因此富磷层的生长被有效抑制（图 6.15）[8]。此效果的机理为，Cu 在液相中扩散的速度要快于 Ni_3Sn_4 的生成速度，于是先在界面聚集生成层状 Cu_6Sn_5，从而抑制了 Ni 从 Ni-P 镀层的向外扩散迁移。

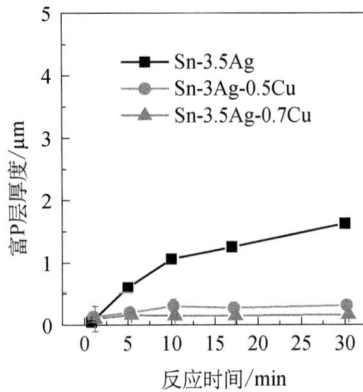

图 6.15　Sn-Ag-Cu 组分对富 P 层厚度变化的影响[8]

6.3　界面反应层的重要性

界面化合物有各种各样的形态并且直接影响焊接界面的可靠性。焊接界面的稳定性与化合物层厚度也有很大的关系，与焊料的多少有关，甚至可能与焊料的种类如焊球或焊膏之差别有关。今后的封装产业将向着微型化发展，如图 6.16 所示，焊料的减少使反应层的相对体积变大。这样界面化合物层的形成状态对强度以及寿命会产生直接影响。焊接界面的形态在焊料合金优化及界面结构设计中都必须予以考虑。

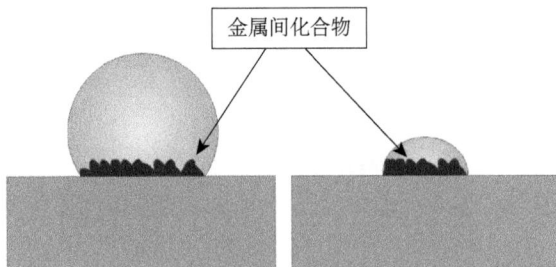

图 6.16　界面形态在封装微型化中的关键作用

参 考 文 献

［1］ C. Hwang, J.‑G. Lee, K. Suganuma, H. Mori；*J. Electron. Mater.*, **32**［2］（2003），52‑62.

［2］ P. T. Vianco, K. L. Erickson, P. L. Hopkins；*J. Electron. Mater.*, **23**（1994），721‑727.

［3］ S. Chada, W. Laub, R. A. Fournelle, D. Shangguan；*J. Electron. Mater.*, **28**（1999），1194‑1202.

［4］ M. Schaefer, R. A. Fournelle, J. Liang：*J. Electron. Mater.*, **27**［11］（1998），1167‑1176.

［5］ P. T. Vianco, P. F. Hlava, A. C. Kilgo；*J. Electron. Mater.*, **23**（1994），583‑594.

［6］ A. M. Gusak, K. N. Tu：*Phys. Rev.* B, **66**（2002），115403.

［7］ Y.‑S. Kim, K.‑S. Kim, C.‑W. Hwang, K. Suganuma；*J. Alloys and Compounds*, **352**（1‑2）（2003），237‑245.

［8］ C. Hwang, J.‑G. Lee, K. Suganuma, H. Mori；*J. Electron. Mater.*, **32**［2］（2003），52‑62.

［9］ K. Suganuma, K.‑S. Kim；*JOM*, **60**［6］（2008），61‑65.

［10］ C.‑W. Hwang, K. Suganuma, M. Kiso, S. Hashimoto；*J. Mater. Res.*, **18**［11］（2003），2540‑43.

第 7 章
软钎焊工艺

本章将介绍实际的软钎焊工艺，常用的有波峰焊、回流焊、机器人焊、手工焊等，这里只以波峰焊和回流焊为重点进行介绍。国际上将波峰焊命名为"wave soldering"，而回流焊为"reflow soldering"。

7.1　波　峰　焊

波峰焊是指利用如图 7.1 所示的焊接装置进行组装的工艺。基板上面预先插入部件引脚，使部件嵌入基板，然后通过焊料的喷流进行焊接。图 7.2 是两种具有代表性的波峰焊温度曲线。虚线是 Sn-Pb 共晶焊料的温度曲线：基板先进行 100℃ 预热，然后经过第一、第二两次焊料喷流。考虑到无铅焊料熔点较高，润湿性较差的特点，可以通过提高预热温度，增加喷流力度，以及在第一、二波峰的间隔处加热使其不至冷却等做法改善焊接润湿性。图 7.3 是理想的 Sn-Cu 焊料充分润湿的焊点示例。

图 7.1　波峰焊焊接装置（千住金属）

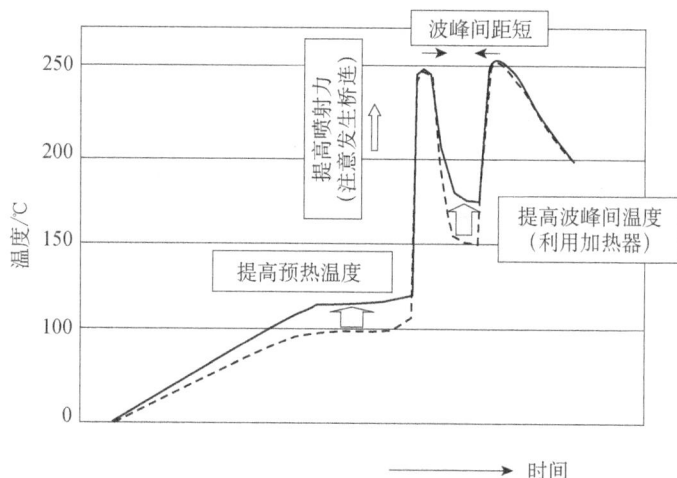

图 7.2 改善无铅焊料通孔焊接润湿性的方法

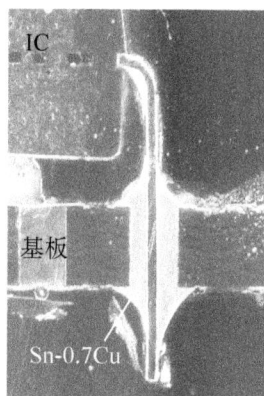

图 7.3 通孔焊接理想润湿状态的 Sn-Cu 焊料

虽然我们希望可以尽可能地提高预热温度，但同时还要考虑基板的电极有可能会因此产生氧化，并在一定程度上妨害焊料的润湿性。图 7.4 就是由高温预热导致的润湿性下降的状态，为防止此现象，确保通孔润湿性，有效的办法是添加 N_2 气氛进行保护。其他手段例如调整通孔直径及传送带的速度，也在一定程度上有所帮助。

波峰焊代表性缺陷如图 7.5 和图 7.6 所示。图 7.5（a）为气孔，是由润湿不良而卷入焊剂导致的；（b）为桥连，是由焊料温度过低或是焊渣的影响形成的。当 Cu 溶入熔池内出现 Cu_6Sn_5 的针状结晶组织时更容易导致桥连的发生，因此必须重视浴槽的管理。图 7.6 是基板上 Cu 配线被浸蚀后的照片[1]。一般来说，无铅焊料更容易发生配线浸蚀，因此在波峰焊中一定要重视检查配线的状态。

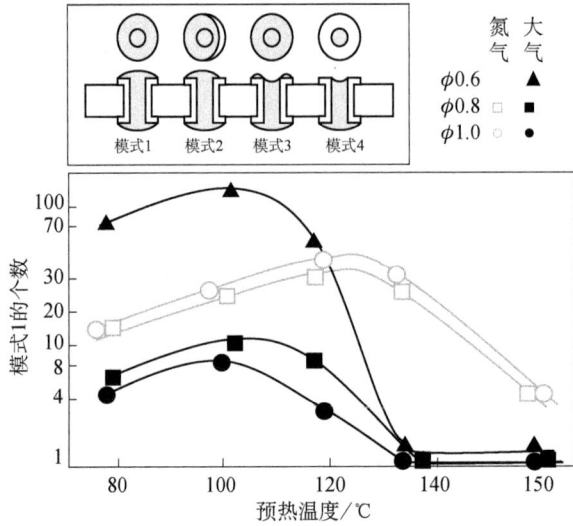

图 7.4　预热温度对润湿性的影响（NEC）

基板：FR-4（厚 1.6mm），助焊剂：RA，回流：250℃，5 秒

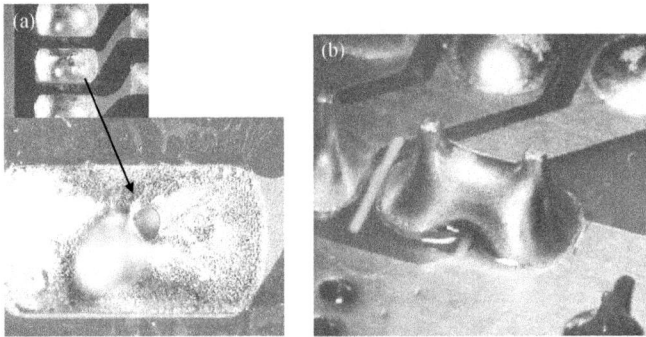

图 7.5　波峰焊时发生的缺陷（日本 Superia 公司）

（a）气孔；（b）桥连

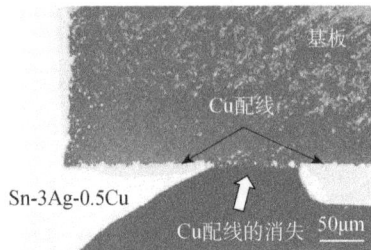

图 7.6　印刷配线上 Cu 配线的侵蚀（日本 Superia 公司）

虽然无关焊接缺陷的形成，但在无铅焊料波峰焊中，还是希望能够经常检查焊料槽的腐蚀情况。这是由于无铅焊料焊接温度要高于 Sn-Pb 焊料，且 Sn 元素含量更高，更易与不锈钢焊料槽反应。图 7.7 就是不锈钢波峰焊槽喷流泵轴周边发生腐蚀情况的实例。不锈钢易与 Sn 发生反应，因此对焊料槽进行表面处理，或是使用浸蚀速度较慢的铸铁都有利于解决问题。

图 7.7　不锈钢波峰焊槽喷流泵轴周边的侵蚀实例（日本 Superia 公司）

7.2　回　流　焊

表面贴装几乎都由回流焊进行。回流焊中为确保良好的润湿性，也可如波峰焊一样使用氮气保护。回流焊的作业流程如图 7.8 所示。

丝网印刷

⇩

印刷检查

⇩

器件贴片

⇩

回流焊

⇩

外观检查

⇩

X射线检查

图 7.8　回流焊工艺流程图

使用粒径在数微米到数十微米的金属组成的膏状物（焊膏）作为焊料，就可以在组装基板上进行焊膏丝网印刷。丝网印刷中焊膏仅沿着一个方向涂敷，因此根据不同场合可能产生与印刷方向平行或垂直的不均匀现象。另外，焊膏在掩板上的残留和对配线图案的覆盖率也需要做细微调整。图 7.9 是改变掩膜板开口率的印刷实验。在批量生产中为确保连续生产，一般需要对焊膏的 24h 黏附力进行评价，希望其能有长时间的稳定性。

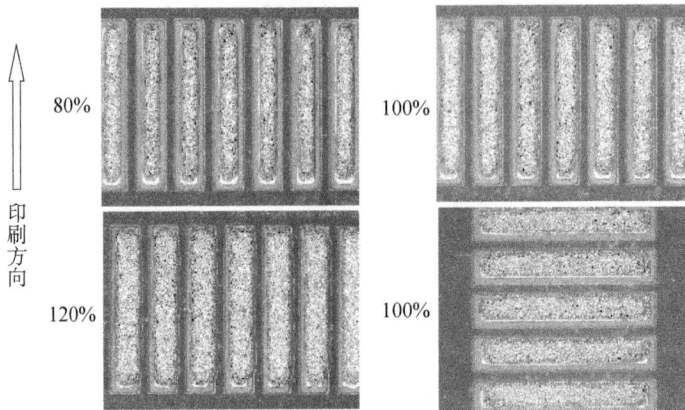

图 7.9　Sn-3Ag-0.5Cu 印刷性及开口率（Pitch 0.5mm，NEC）

回流焊过程中，焊膏附着在基板上，在预热阶段焊膏有可能发生软化塌陷，因此在小间距印刷图案中需要对焊膏的塌陷性进行评价。图 7.10 为塌陷性评价的实例。通常，可采用如下评判标准：

0.2mm 以下发生连接：标准水平（与 Sn-Pb 共晶相同）。

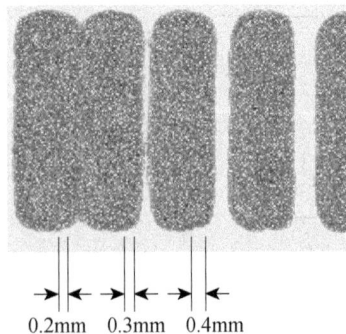

图 7.10　Sn-3Ag-0.5Cu 焊膏预热塌陷实验（NEC）
回流条件：180℃，3 分钟，大气环境

0.3mm 以下发生连接：虽然有塌陷现象发生，但不影响实际应用。

0.4mm 以上发生连接：需要改善塌陷性。

如果涉及更微细的印刷图案，则还需要制定专门的评判标准。

为确保大型基板上也能保证温度均一，回流焊炉布置有 8～10 个加热单元，如图 7.11 所示。图 7.12 为 Sn-Pb 共晶焊料和 Sn-Ag-Cu 焊料相对应的回流焊温度曲线。各种焊膏都需要考虑基板与部件的搭载状态，尽可能保持温度均一，但也不能忽视高温下保温所导致的氧化及损伤问题。为达到此目的，加热方法、热风控制、氮气环境下的氧浓度等因素的控制都需要予以考虑。

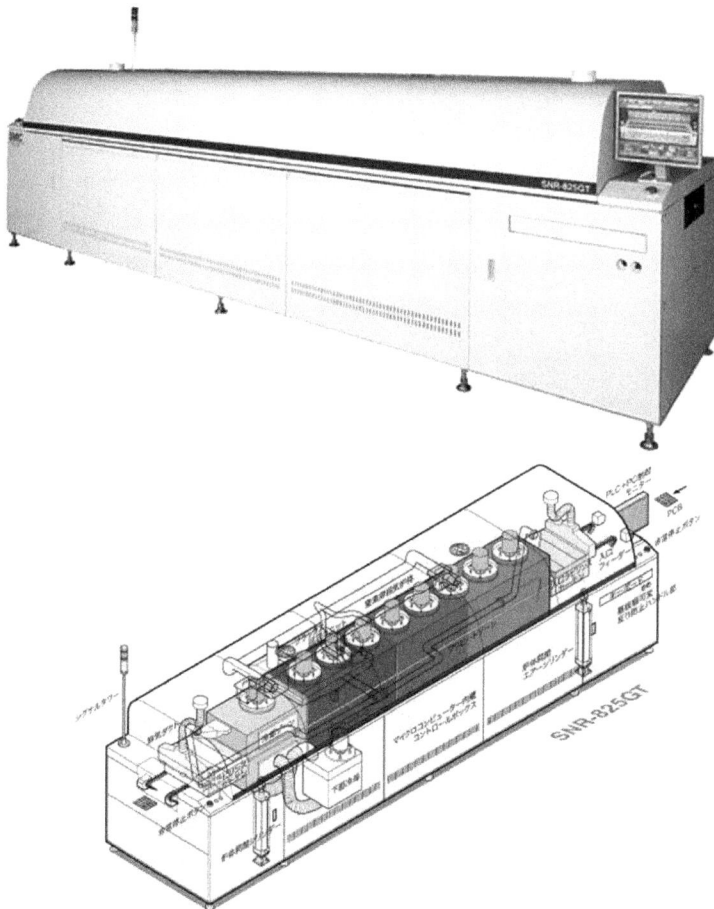

图 7.11　回流焊炉（千住金属）

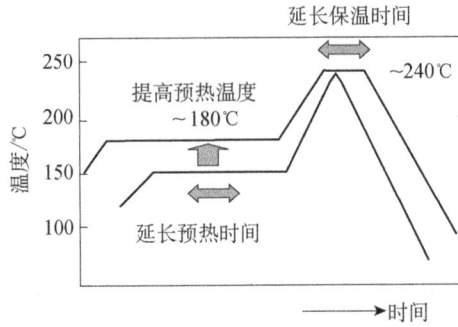

图 7.12 含铅焊料和无铅焊料的回流焊温度曲线

参 考 文 献

[1] G. Izuta, T. Tanabe, K. Suganuma; *Soldering & Surface Mount Technology*, **19**[2]（2007）4-11.

第二部分

软钎焊的可靠性

第 8 章
可靠性因素

在工业制造的激烈价格竞争中，日本工业产品能在世界上立足并蓬勃发展的原因之一是其高可靠性。产品的稳固和经过长时间使用仍不易受损的特性，使得日本的电子产品备受青睐，同时也使日本汽车在世界范围内广受好评。为了保持电子产品的魅力，不仅要牢记目前为止所积累的可靠性评价和设计手段，还要根据最新的分析技术来防止器件出现故障，以实现更高的可靠性。本章首先介绍一般电子产品可靠性知识。

8.1 焊接中的制造因素

为了讨论软钎焊的可靠性，本节首先总结封装中影响可靠性的因素。

焊接过程中，焊料熔化，润湿基板及部件电极，发生各种界面反应，最终形成互连焊点。焊接条件的好坏，直接影响焊点的性能和电子器件的初始故障及寿命。焊接条件的主要影响因素如下：

（1）升温速度：温度的均匀性。

（2）预热温度及时间：焊剂的活性和基板温度的均匀性。

（3）峰值温度及保温时间：焊料润湿性及界面形成。

（4）冷却速度：焊料凝固，焊点的初期组织。

其他因素还包括：回流炉气氛、加热手段、气流的方向及强度等，这些因素也将对软钎焊过程产生较大影响。将上述因素随机组合，在合适的参数下就可以得到可靠性高的焊点，而任何不合适的参数都会直接导致可靠性的下降。图 8.1 总结了结合界面中引起可靠性下降的因素。

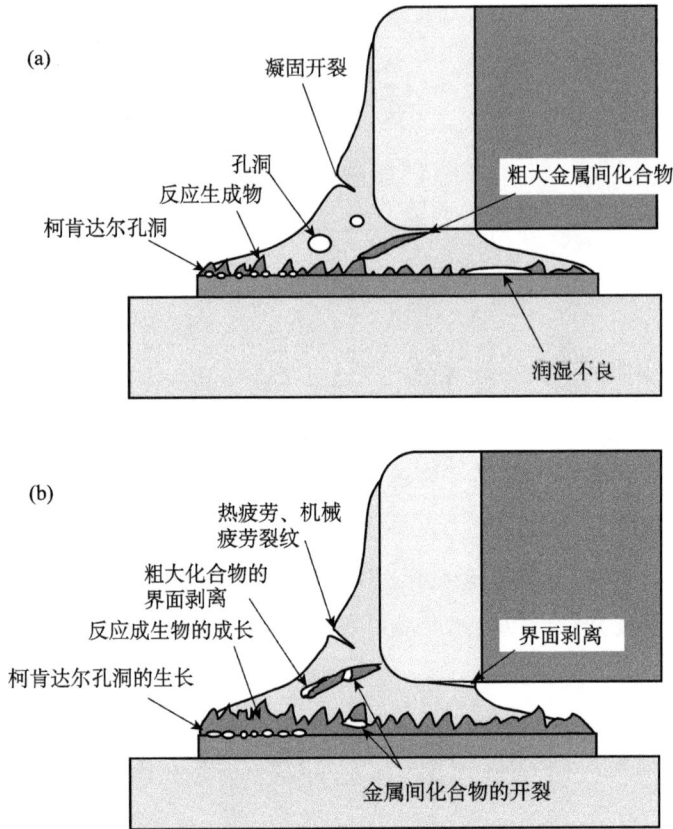

图 8.1　表面组装产生的缺陷和服役后产生的缺陷
（a）初期；（b）长期使用后

　　焊接中形成的化合物层实际上会阻碍焊点的可靠性，而这一点经常不被理解。理想的焊点中不应存在化合物层，其原因为金属间化合物与基板及部件有着不同的杨氏模量和热膨胀率，并且金属间化合物通常较为硬脆。因此仅在焊点冷却的过程中就有可能因为热收缩不均匀而导致变形，甚至开裂。而焊点强度试验中的破坏也经常出现在界面附近，这是由界面上金属间化合物所带来的影响，一旦形成化合物层就很难得到结合力强的焊接界面。另外，焊接技术熟练的工人也能根据经验确认界面化合物的形成。但值得注意的是如果无法看见化合物层，则可能存在因表面污染或氧化导致的润湿不良。因此金属间化合物层既是妨害连接的因素，也是判断连接界面形成的指标。最好的焊点状态，应该是金属间化合物层正好处于刚刚能被观察到的状态。

焊料与电极在润湿过程中，有时会卷进异物和气泡。这直接导致焊点内部及界面连接强度的下降。简言之，焊接时需要控制空气中的尘埃量、基板的污染及氧化，同时重视焊料的管理。

焊接温度的升高、峰值温度下保温时间的延长，都有可能导致界面反应的发生及金属间化合物层的成长，并同时形成孔洞。这是由于在焊接中产生了元素偏析，形成了柯肯达尔效应（即 Kirkendall effect）。孔洞的形成会对界面强度产生影响，所以对于工艺温度曲线的管理也很重要。

电极也有可能在焊接前就产生劣化，如第 6 章所述的"黑焊盘"现象，所以对基板保存的管理也十分重要。

焊点凝固时可能引入的缺陷如第 4 章所述，包括焊点剥离、凝固裂纹、硬脆金属间化合物的形成等。影响这些凝固缺陷形成的因素和管理项目包括焊料合金元素、镀层成分、部件和基板设计、冷却条件等诸多因素，需要慎重选择。

8.2 使用时的劣化因素

焊接基板经组装后就被投入实际使用之中。而软钎焊的种类成千上万，其工作的环境也千差万别。虽然每一块基板都必须保证其可靠性，但对于不同的产品有不同的设计基准，首先，以影响产品寿命的共同指标温度循环为例，表 8.1 总结了电子产品的温度循环工作条件。

一般的家用产品如电视、冰箱、空调、洗衣机等，基板的温度都不会太低，大概处于 0～60℃的范围。但有些工作条件已经超出了这个范围，如以前成为市场故障话题的等离子电视电源故障，虽然没有详细公布，但可以推测在工作时超过了预料中的温度，因此在实际设计时，必须确保到100℃以上的可靠性。

笔记本电脑较台式机的使用条件更为严苛。冬天户外极寒的温度下要保证能开机，夏天闷热的车内要能工作，还需考虑其自身高集成 CPU 的发热。手机、平板电脑也面临相同的严峻环境。汽车引擎的工作环境更为严酷，既要耐得住严寒又要经受得住沙漠炎热。通常的可靠性试验必须达到125℃，但

表 8.1　部分电子产品的使用温度条件、循环数、预期寿命

产品的种类	最低温度/℃	最高温度/℃	日工作时间	年工作次数	寿命年数
一般产品	0	60	12	365	2～10
台式电脑	0	70	8	365	～5
笔记本电脑	-40	85	8	1000	2～5
手机	-40	85	12	365	2～5
数码相机	-40	85	1	365	2～5
大型喷气客机	-55	95	2	3000	～10
汽车（车内）	-55	80	12	100	～10
汽车（引擎室）	-55	150	1	300	～10
低空卫星	-40	85	1	8760	5～20
战斗机	-55	95	2	500	～5

150℃的高温暴露才更可靠，这个条件比卫星和飞机还要严酷。因为电子产品的市场非常广大，所以可靠性的设计必须非常细心并付出努力。

最近开始投入使用的半导体 SiC 在不久的将来工作温度将升至 200℃以上。目前虽然没有合适的焊接材料投入使用，但也有了几个备选项。封装后基板的工作温度可从-55℃到 200℃以上，这对目前的封装材料和技术都是一个极其严峻的挑战，所以开展这方面的研究工作已经迫在眉睫。

如上所述，预测基板工作的环境并模拟环境进行可靠性实验在产品可靠性设计中非常必要。例如，上述等离子电视的故障，就是可靠性设计基准出了问题。

实际使用时出现的缺陷如图 8.1（b）所示，首先是高温条件下的劣化，这是界面反应进行的结果。温度循环的影响如表 8.1 所示。在服役中，因使用造成的振动以及重复动作导致的机械疲劳也很重要。图 8.2 所示的音响设备的耳机插孔就是一例。此类设备在工作中虽不会产生大的温度变化，但使用 5年过后，通孔部分的接头已经产生裂纹而导致连接不良。故障的原因就是机械疲劳，就算一天只插拔一次，5 年过后，1825 次的插拔还是导致了故障。

图 8.3 是 FA 器件中基板受损的实例，使用 Sn-Pb 共晶焊料和 FR-4 型号基板，经过 9 年使用后产生了故障。此故障是室内工作的振动导致的机械疲劳，再加上器件发热形成的温度循环使通孔焊接部分出现裂纹而导致电阻升高。

换言之，机械疲劳和温度循环共同作用导致失效。市场上的产品失效原因大多都不是由单一因素导致的，因此可靠性设计也被迫面临更为严峻的挑战，工作寿命的预测非常困难。国内大型照明电器厂商的统计数据显示，产品的故障约有两成来自于软钎焊部分，因此保障器件的焊接可靠性非常重要。

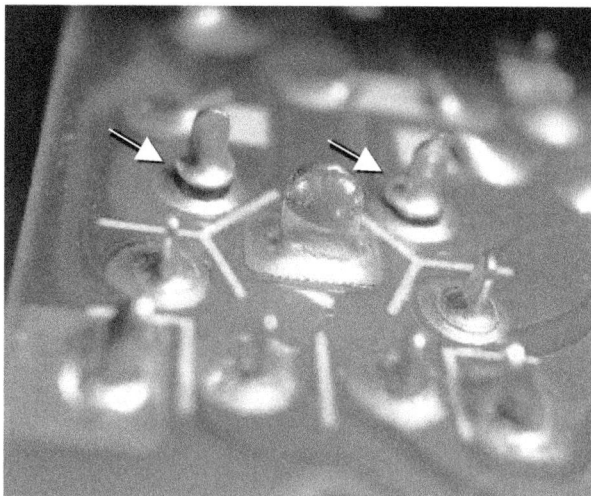

图 8.2　耳机插孔处因插拔导致 Sn-Pb 共晶焊点故障

箭头所指的后侧两处焊点接头已完全破坏，近处的 3 个焊点也出现了裂纹

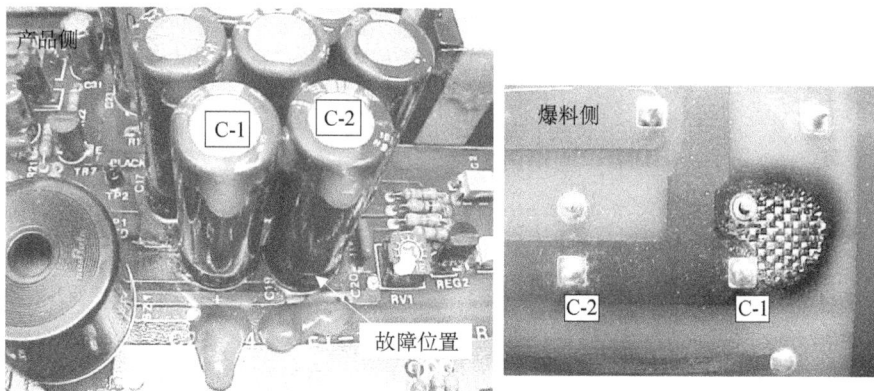

图 8.3　Sn-Pb 共晶焊料连接 FA 器件产生的故障

第 9 章
可靠性的设计方法及寿命预测

这一章在理解无铅软钎焊可靠性之前，首先介绍可靠性设计的一般概念及经常使用的评价手段。

可靠性的提出最早可以追溯到第二次世界大战期间美军使用的真空管相关话题。在太平洋战争中配置的战斗机和轰炸机中有相当一部分出了故障，带来了极大的麻烦[1]。最后探明原因，是战机上的真空管出了故障。因此部件的可靠性极为关键，在今天，不仅是在军用领域和航空领域，民用领域的可靠性要求也得到了密切关注。

9.1 可靠性定义

现在对家用电器的可靠性要求相当严格，车辆及电子产品的核心部件要求仅 1ppm（百万分之一）的失效率，而美国阿波罗计划中太空船的设计可靠性目标为十亿分之一的故障率（可靠度 99.999 999 9%），虽然实际使用中可靠性并不如计算值，但可靠性设计绝不能被忽视。

可靠性是高附加值封装技术中不可缺少的一环，日本的制造技术之所以能与拥有低价原材料资源的新型国家竞争，全是因为日本产品有着超高的可靠性。如日本引以为傲的 JR 新干线。自昭和 39 年（1964 年）开始运营已经有 50 个年头，一直保持着领先世界的无事故纪录，而日本产品，也应有着与新干线相同的可靠性。

JIS 详细定义了与可靠性相关的用语。例如，在 JIS Z8155 中，规定可靠性为"物品在给定条件下工作，能达到规定要求性能的性质"。如果需要具体定义可靠性，则需给定相应的尺度，通常使用的主要有以下四种。

　　[种类]　　[示例]

可靠度：99.999%

MTBF：3000h

MTTF：10 000h

失效率：1%/年

可靠度（reliability）指的是定义中给定条件下能正常工作的概率，换言之，即给定条件下不出故障的概率；MTBF（mean time between failure）指的是平均无故障可用时间，一般规定此时间为部件寿命，超出此时间则需要替换部件。平均失效时间（mean time to failure，MTTF）指的是失效时工作时间的平均值，如果无法进行部件更换可以参考此时间。最后的失效率（failure rate）指工作到某一时刻尚未失效的产品，在该时刻后，单位时间内发生失效的概率，可以看做某一时刻的可靠度。以上四种可靠性表示方法应根据情况分别使用。

　　接着来简单讨论一下与可靠性相关的一般性问题。不仅是电子设备，很多工业产品投放市场后的失效率都如图 9.1 中的曲线所示。产品刚投放市场时，起初失效率很高，但随着时间推移，失效率缓慢下降，这是因为在产品刚投入市场时尚未排除来自设计缺陷和工艺不良导致的早期失效，随后随着不断分析排除而逐渐减少。此后在一段长时间内，失效率进入稳定期。一般在稳定期内发生的失效都是由事故导致的偶然现象。最后由于长时间的工作，如前节所述，缺陷开始产生并引入，失效率再次升高，产品的工作年限也将至，这时出现的失效统称耗损失效。因失效率曲线形似西式浴盆，因此得名浴盆曲线（bathtub curve）。

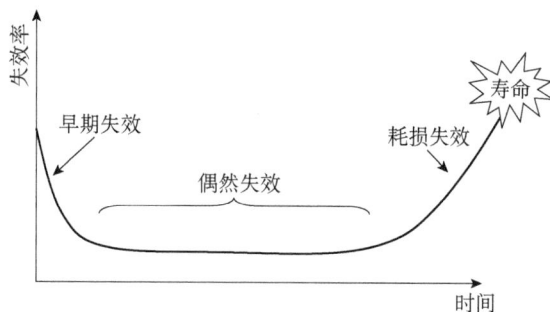

图 9.1　产品失效率变化的"浴盆曲线"

针对以上模式，可以采取如下的可靠性应对措施。

（1）早期失效：初期设计和工程管理，预烧测试，老化测试。

（2）偶然失效：可靠性设计。

（3）耗损失效：各种持久实验，寿命设计。

为避免早期失效。初期设计和工程管理非常重要，包括部件的保存和保管。但是无论如何设计，都会有无法预测的缺陷，如果想要避免这些缺陷就需要对市场上的产品进行全数检查或者进行高于市场使用载荷的筛选试验。为便于理解，可靠性保障试验的效果如图 9.2 所示。图中横坐标为载荷强度，纵坐标为概率。（a）图中，因设备性能存在个体差异，产品强度呈山型分布，如图中 A 所示。另外，"实际载荷"也有着不确定的因素，其分布如 B 所示。图中 A 的左侧山脚与 B 的右侧山脚重叠，这一重叠的部分即为市场故障产生的来源。（b）图是对产品进行了高于 B 范围的加载试验，筛选去除损坏样品将 A 的左侧山脚切掉后的概率分布。针对电子产品或设备开展这种类似于预烧（burn in）或老化（aging）等可靠性测试，可以有效降低早期失效率。

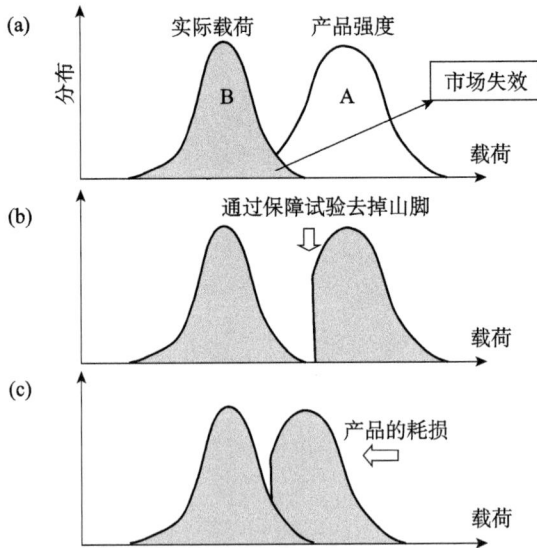

图 9.2　产品保障试验及寿命的 stress-strength 模型

而后进入可靠性设计时的相对稳定期间，除个别情况外，A 和 B 的部分不会发生重叠。随着时间推移，如图 9.2（c）所示 A 的概率分布将会向着低载荷侧移动，再次与 B 产生重叠，重叠部分是到了预计使用寿命的区域，也就是耗损失效区域。预测使用寿命是可靠性设计中的重要一环，必须要考虑各种因素然后进行持久实验，才能得出理想的预计寿命。因此，为正确掌握影响寿命的各种因素，对加速试验中加速系数的把握也至关重要。

如果想深入了解此方面的内容，可以参考本章的参考文献 [1] ～ [3]，与可靠性有关的统计方法可以参考文献 [4]。

9.2　可靠性分析

为了降低市场故障，初期设计阶段需要注重模拟产品使用的环境，以尽量应对可能发生的各种负荷，但实际故障远比预测的要复杂得多。为了应对突发情况，需要建立可靠性分析模型。

首先预测市场上可能发生的故障，进而探明其失效原因。一般使用的方法是将故障一一列出，然后分析故障之间的联系。图 9.3 就是其中一例，被称做故障树分析法（fault tree analysis），是一种分析各因素之间因果联系从而防止重大故障出现的方法。计算各因子的作用概率，最终能得到产品的可靠度。

最终决定产品寿命的因素来自于各种因子的相互作用。如 8.1 节所述，焊接中并不止出现一种缺陷，而是许多种缺陷共存。例如，在 100 个产品中有 70 个是由同一原因损坏，而另外 30 个则由另一原因损坏。无论哪种情况，最终导致样品失效的缺陷原因决定了样品的可靠性优劣，可以通过相应的统计手段来计算在多个缺陷影响下样品的失效时间，从而达到寿命预测的目的。

一般在样品出现失效时使用威布尔统计方法（Weibull statistics）[2]。威布尔统计是极值统计的一种，表示"强度"的最小值分布。如要具体说明此统计方法，可以参照图 9.4 所示的锁链，每一环的强度各异，而在两端负有载荷的情况下，锁链中可靠性最弱的一环决定了最大载荷的大小。制造 100 条同样的锁链，并以同样的方式破坏，统计出每条中最弱那一环的强度就代表那条锁链的强度，即为极小值统计。同样对于软钎焊结构，最起主导作用的缺陷决定了产品的寿命，因此威布尔统计最为有效。

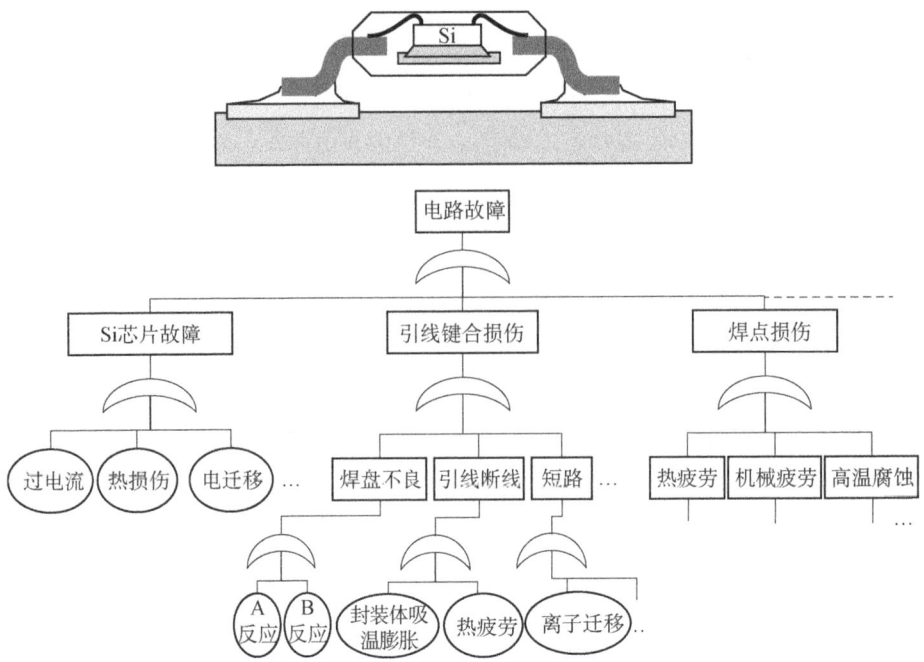

图 9.3　FTA 图的示例

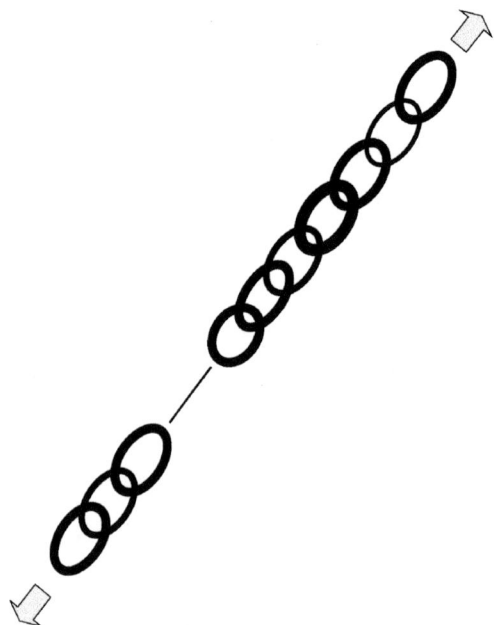

图 9.4　直列锁链的强度

以威布尔统计得出的累积失效率如下：

$$F(\sigma) = 1 - \exp\left\{ -\left(\frac{\sigma - \sigma_u}{\sigma_0} \right)^m \right\} \qquad (9.1)$$

式中，σ 为应力（也可用时间 t 代替）；σ_0 为尺度参数，是 $F(\sigma)$ 值为 63.2% 时的 σ 值；m 为形状参数，是显示不规则程度的重要参数，有时所谓的威布尔参数，也指的是 m；σ_u 是位置参数，指能发生破坏的最低载荷，也就是当 $F(\sigma) = 0$ 时的 σ 值，图 9.5 是威布尔统计的一个实例。Y 轴为二重对数 lnln $(1/(1-F(\sigma)))$，X 轴为对数。数据能够拟合成直线，直线的斜率则为 m 值。

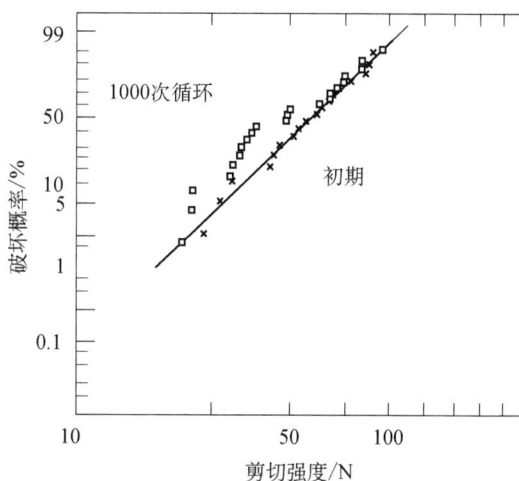

图 9.5　使用 Sn-58Pb 焊料的 1608 芯片封装后剪切强度的威布尔分布图

−40～80℃温度循环

　　需要指出的是，在利用威布尔统计整理分析封装基板的焊接强度试验数据时，会经常看到使用其算术平均值来表示均值的案例，但这并不是正确的做法（会导致约 2%的误差），正确计算方法是根据数据的密度函数使用伽马函数计算出威布尔统计的平均值。使用电子计算器计算会有些复杂，用 EXCEL 等表格软件会比较简单，也有专门的处理程序[3, 4]。或者使用传统的威布尔概率纸经少许计算也能推断出各个参数。

　　在实际故障分析中，有时统计得出的数据无法拟合成为直线，可能是由两种以上的因素共同作用导致失效所造成的，如图 9.6 所示，此时可以考虑作折线拟合。这种方式可以反映两种因素各自的作用，而折线的折点就是两种破坏因素作用转换的分界点。此情况折线后半段的参数测定较为容易，而前半段则需要注意，具体可参照参考文献［3］，［4］。值得注意的是，各失效原因的统计曲线都有自己的特征，因此可以对比数据来推测失效的特定原因。

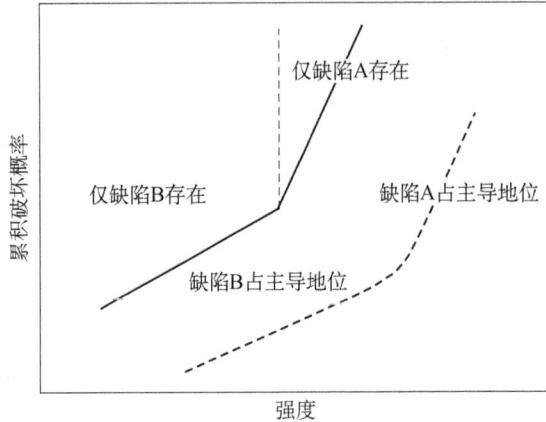

图 9.6　威布尔分布图中两种缺陷的影响

虚线为缺陷 A，B 共同存在

9.3　加速试验和寿命预测

　　如前节所述，可以通过威布尔统计的寿命分布来确定失效的原因和现象。然后根据失效机理，可以确定该现象的表达式，进而求出加速系数。根据加速系数，最终就可以在短时间内实施本来需要几年才能完成的可靠性试验。实际上进行的可靠性试验种类大致如表 9.1 所示。

　　失效机理主要分为几种，首先是与温度有关的现象，如热迁移过程。一般称为阿伦尼乌斯模型（Arrhenius model），比较典型的特征就是界面上由于元素扩散，化合物的成长导致的孔洞。如果将热迁移过程支配的现象以 K 数值化，K 的值由下式给定：

$$K = A\exp\left(-E_a/kT\right) \tag{9.2}$$

式中，A 为频率参数；E_a 为活化能；k 为玻尔兹曼常量；T 为热力学温度。如果失效机理只由热迁移过程支配，式（9.2）就能给出可靠的预测。E_a 是失效现象产生的活化能，可以用实验方法求得。将上式两边取对数：

表 9.1 主要的可靠性加速试验及其概述

种类	概述
温度循环试验 热冲击试验	使用单槽或双槽式温度槽，进行低温-高温的循环载荷测试
高温时效试验	使用恒温槽，在一定温度下保持一定时间的试验
高温高湿试验 压力蒸煮试验（PCT） HAST	温度保持一定的湿度变化试验。PCT 是增加压力因素进行加速测试。HAST（highly accelerated temperature and humidity stress test）为不饱和的 PCT 试验
高温高湿偏压试验	高温高湿下施加偏压的绝缘性试验（HBT）
离子迁移试验	保持一定温度湿度条件下施加低电压，进行离子迁移的评价试验
盐雾试验	基于盐水喷雾的腐蚀试验
跌落试验	模拟便携产品，将封装基板从高处落下，或是使用下落钢球等对基板进行冲击的试验
机械疲劳试验	施加循环机械变形的疲劳试验，可以代替温度循环试验
振动试验	针对车载设备等有振动的产品试验

$$\ln K = \ln A - E_a/kT \tag{9.3}$$

将 $\ln K$ 和 $1/T$ 分别作为坐标系的纵轴与横轴，得到的阿伦尼乌斯曲线如图 9.7 所示。为得到准确的数据，至少需要选择 3 个温度用于求出反应速度，而寿命是反应速度的倒数，利用式（9.2），可得

$$t_f = A'\exp\left(E_a/kT\right) \tag{9.4}$$

$$\ln t_f = \ln A' + E_a/kT \tag{9.5}$$

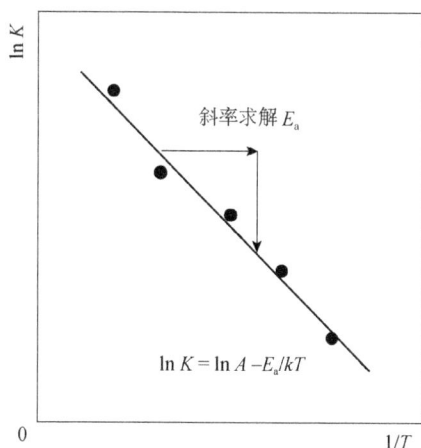

图 9.7 阿伦尼乌斯分布图的示例

如果将湿度、电压等各种因子的影响都考虑进去，阿伦尼乌斯模型可扩展为更为广泛的艾林模型（Eyring model），此模型整合了化学反应速率论和量子力学，这对于一般加速模型均有效，导出步骤省略，直接写出寿命 t_f 的表达式

$$t_f = A' \exp（E_a/kT + BS_1 + CS_2 + \cdots）\tag{9.6}$$

这里 B、C 都为常数；S_1，S_2 等为与温度无关的影响因素，将在后节详细介绍。

9.4 各 种 标 准

有关可靠性的评价基准和试验方法，也制定了很多标准。表 9.2 归纳了其中具有代表性的标准。以前电子设备的可靠性测试通用美国军队的 MIT 标准，但目前日本已默认以 JEITA 和 JPCA 为标准。虽然美国电子业界已开始整合 EIA 和 IPC 标准而制定了 IEC 标准以便作为世界标准，但 IEC 和 ISO 等国际标准要进行各项标准制定还需收集数据并与各种团体协商，周期很长，所以无法及时应对迅速发展的电子业界的变化。例如，2000 年进入无铅化时代立即改变了电子封装的格局，急需新的标准。但是国际标准虽有 2006 年 7 月 1 日的最后期限，但直到 2005 年都没有新的版本发布。然而，美国 JEDEC 标准的制定却如火如荼，短时间内就制定了标准并发表，并通过互联网广泛普及。

表 9.2　可靠性基准及试验方法标准

种类	详细
IEC 标准	电子设备、部件的各种可靠性试验方法的国际标准（International Electrotechnical Commission）
ISO 标准	工业各行业的国际标准（International Organization for Standardization）
JIS 标准	日本的工业标准
JEITA 标准	电子信息产业技术协会的各种试验方法标准（EIAJ 及 JEITA 标准）
JPCA 标准	日本印刷电路工业会规定的与印刷电路有关的各项标准
MIL 标准	美国军备标准，用于军队，也常用于民用产品（Military Standards）
JEDEC 标准	EIA 的一部分，为推进电子部件的标准化，美国业界团体最早推出的基准（Joint Electron Device Engineering Council）
IPC 标准	美国印刷电路工业会的各种标准（Institute for Interconnecting and Packaging Electronics Circuits）

在上述业界团体的正式工业标准之外，封装产业界也发挥着积极作用，

推行自己的事实标准，其中欧美团体尤为活跃。早在 2000 年，欧洲三大制造公司 Philips、Infeneon、STMicroelectronicse 组成 E3 联盟，在无铅焊接标准化领域积极发挥作用，在 2001 年率先定义了"无铅""无卤素""无锑"等具体标准，这一举措可谓领先于当时的时代。在这个背景下，新技术的标准化在欧洲已奠定了基础，日本公司也紧随其后。而后，美国的 Freescale 也加入了 E3，更名为 E4，定义了晶须及其试验方法。现在 E4 更名为 D5，继续在高温焊料领域制定新的标准，不断占据电气电子工业的主导权。

参 考 文 献

［1］佐藤善三郎『おはなし信頼性』(第 3 刷)、日本規格協会 (2005).
［2］安食恒雄 (監修)『半導体デバイスの信頼性技術』(第 11 刷)、日科技連出版社 (2005).
［3］中村泰三、榊原 哲『信頼性手法』日科技連出版社 (2004).
［4］市田 嵩、鈴木和幸『信頼性の分布と統計』日科技連出版社 (1984).

第 10 章
高温环境下的劣化

对软钎焊焊料来说，即使在室温下也已经进入了高温区域（通常金属在其温度超过绝对温度熔点 T_m 的一半就会发生加速扩散，导致蠕变，因此定义 T_m 一半至熔点的温度范围为高温区域）。Sn 的熔点为 232℃（绝对温度 505K），室温 25℃（绝对温度 298K）下已毋庸置疑地进入了高温区域。事实上，软钎焊焊料及其形成的界面在室温下的组织时刻都在变化，可以说要考察其可靠性极其困难。

电子器件及封装基板等样品的高温时效实验，是为了在短时间内得到工作环境下的可靠性数据而经常进行的一种加速试验，因此需要在高于工作环境的温度下进行。例如，产品的工作环境在 60℃，高温试验通常选在 80℃，100℃，125℃等温度，如有特殊要求，如汽车引擎室中配置的车载产品，试验温度也能达到 150℃或以上。今后，随着产品应用范围的扩大，试验条件可能会变得更为苛刻。

本章将介绍产品高温时效时发生的现象，各种可能的成因以及其发生机理。

10.1　高温下金属的扩散

高温时效过程中所发生现象的根本原因，在于元素加速扩散导致的焊料组织的缓慢变化。变化向着焊点组织整体化学势降低的方向进行，具体表现为焊料组织粗大化，焊点界面生成的金属间化合物层变厚，以及基于不同场合产生界面孔洞及化合物层裂纹等，具体可参照图 10.1。

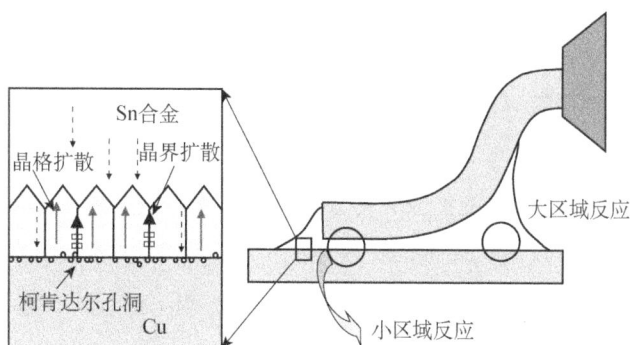

图 10.1　高温时效试验中的反应因素

回顾第 6 章，固体中扩散导致的界面层成长可由以下公式表示：

$$X(t, T) = X(0, T) + k_0 t^n \exp\left(-\frac{Q}{RT}\right) \qquad （10.1）$$

上式一般被称为阿伦尼乌斯公式。$X（0，T）$为焊接后的反应层厚度。激活能位于 e 的指数中，因此温度稍微升高就能导致扩散的显著增长。

在考虑扩散反应时有下列几个问题值得关注：

（1）仅考虑金属间化合物反应层内的扩散。

（2）当有多个反应层时，该考虑哪层的扩散？

（3）晶粒内扩散还是晶界扩散？

（4）体积扩散还是晶格间隙扩散？

（5）单方向扩散还是相互扩散？

（6）供给的元素量有限时，扩散不久后将会停止。

（7）确认没有产生液相。

首先在（1）中，虽然有 Sn，基板（如 Cu），界面上形成的金属间化合物这三条扩散途径，但反应层生长却仅考虑金属间化合物层的扩散。这是因为几乎在所有的情况下，金属间化合物中的元素扩散控制了反应层的生长速率。

第（2）项，当存在多个反应层时，必须判明哪层是限制扩散速率的关键。如果严格考量，无论哪一层都对整体有所影响，因此在反应的初期最好认为无论哪一层都会对全体的生长产生影响。

第（3）项，扩散的路径有两类，金属间化合物晶内扩散和晶界扩散，其中的区别必须要注意。Sn 合金在室温附近受晶界扩散的影响较大，高温下会转为晶内扩散。也就是说，高温下模拟的加速试验可能与实际使用得到完全不同的结论。遗憾的是，这方面的研究十分少，此问题可以说是处于被无视的状况。因此，进行高温试验时，建议保留"可能有差别"的想法，认为是晶内扩散。

第（4）项，晶体内的扩散又可分为原子在晶格点阵内的扩散（晶格扩散或是体积扩散）以及通过晶格间隙发生的扩散，这个差别也很重要。Sn 系合金的晶格间扩散非常快，因此需要注意。另外，如 Ag，Au，Cu 和 Ni 在 Sn 中都会发生异常扩散，这点也必须要注意。

第（5）项，元素的扩散并不只沿一个方向，扩散也不局限于某一种特定元素，固体中存在的所有原子都会发生移动。特定元素单方向扩散和相互扩散的场合都有，但在 Sn 系焊料中，焊接界面上各元素的扩散速度相差甚远，也可只考虑其中一种元素。虽然大多数情况下只有 Sn 会不停地迁移，但也需要注意上一段所提及的特殊扩散元素。

第（6）项，扩散中止。现实中焊料形成的焊脚，Cu 配线和电极镀层都不是无限厚，仅有一定的厚度。式（10.1）是建立在两片无限厚连接界面的假设上推导出的结果，高温试验的初期可以忽视其有限的厚度，但是在长时间保温后，其影响逐渐显露。另外，夹在焊点引脚与基板间的焊料只能在狭窄的空间里反应，如果涉及合金元素的反应发生，焊料中的原料瞬间消耗完，反应中途就会停止。

最后第（7）项的"液相"，如同第 4 章 Pb 污染所介绍的，Sn-Pb-Bi 合金或是 In 元素存在的场合，即使在低温下液相也很容易形成。而这些元素在软钎焊过程中很容易偏析到界面，影响凝固过程。一旦液相出现，扩散会在液相中高速进行（速率为固相中的指数倍），发生异常的界面反应生成极厚的金属间化合物层。因此，即使焊料中仅含有微量的 Pb 也不能大意。

在领会以上注意点的前提下，我们以软钎焊最基本的 Cu/Sn-Ag 界面为例，来做具体分析。图 10.2 是 Sn-Ag 共晶焊料在 Cu 界面上高温时效后，化合物生长的数据[1]，此界面在焊接时产生了 $Cu/Cu_3Sn/Cu_6Sn_5/Sn-Ag$ 等相，其中 Cu_6Sn_5 层最厚，而相对地，Cu_3Sn 层只有数十纳米厚。从图可知反应层的总厚度与 t 的平方根成正比，但当高温长时间放置后其关系不再成立，且 Cu_3Sn 层随时间增加逐渐变厚，占反应层总厚度的比例也逐渐变大。

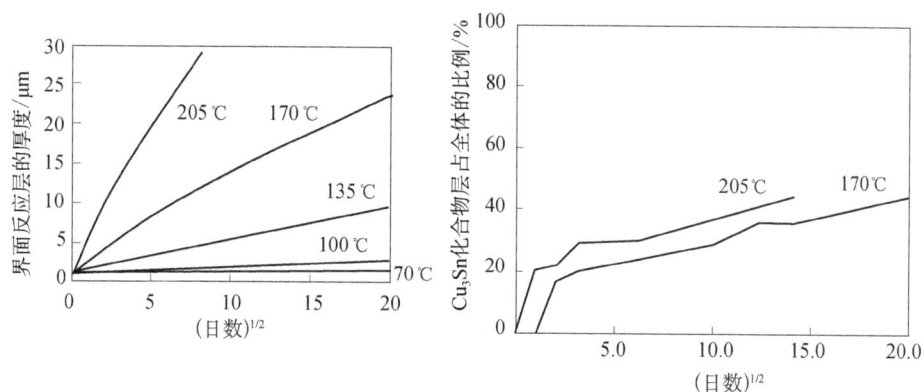

图 10.2 Sn-Ag/Cu 界面固相反应中化合物层的生长[1]

10.2 界面的劣化

金属间化合物层生长后，将会带来一系列的强度弱化，主要原因有二：

（1）金属间化合物较脆并含有很多缺陷。

（2）柯肯达尔孔洞（Kirkendall voids）的形成。

首先，金属间化合物层一侧与焊料相连，另一侧连接着 Cu 电极。焊料和电极的另一侧又与硅片、陶瓷或基板等物理性质不同的材料相连，焊料柔软而电极坚硬。各材料的热膨胀率各不相同，从焊接温度冷却到室温或是从使用温度降温过程中，金属间化合物层中就会产生相当大的热应力。表 10.1 列出了焊点界面常用的代表性材料的热膨胀率和杨氏模量[2]。热应力并不只是唯一的问题，当受到外部载荷时焊料会变形。但金属间化合物层很难发生塑性变形，只能不断积蓄应变，无论哪一种情况都会发生裂纹。金属间化合物的晶体结构较为复杂，根据晶体取向的不同，物理性质也有不同。因此，焊点界面自身的生长就足以导致附近的晶体发生应变。也就是说界面越生长，产生的金属间化合物的晶粒越大，其产生的缺陷作用也越大。

柯肯达尔孔洞在特定元素进行单一方向扩散的情况下容易出现。固体中的元素扩散，微观上是基于原子与晶格中相邻空位的位置交换，因此原子的

表 10.1　材料的热膨胀率和杨氏模量

材料	热膨胀系数/（×10⁻⁶/℃）	杨氏模量/Gpa
Cu	16	130
Ni	14	200
Fe	11	210
Sn	22	50
Sn-37Pb	24	27
Pb-5Sn	29	10
Sn-3Ag-0.5Cu	22	42
Sn-9Zn	24	43
Sn-58Bi	18	33
Cu_6Sn_3	16	86~125* [2]
Cu_3Sn	19	108~306* [2]
Ni_3Sn_4	14	133~143* [2]

扩散方向与空位的移动方向相反。如图 10.1 所示，Cu 如果形成金属间化合物，并向一个方向扩散，空位就会向相反方向移动并聚集，汇集在 Cu_3Sn/Cu 界面上形成柯肯达尔孔洞。实际上经长时间反应后，形成的孔洞会沿界面排成一列，急剧降低界面强度。

在实际应用中，界面层生长程度与强度的关系，或者是形成孔洞的状态对强度下降的影响，这些问题很难量化，并且无法从现状推测未来的发展趋势。因此在生产中需要确认个案的界面状态和封装情况。

界面反应层生长导致的另一个特征是脆性破坏时其强度呈散乱分布，原因是随着界面反应层的生长，左右焊点强度的缺陷尺寸（如反应层的厚度）也变得更加离散，规律性变差。

10.3　特殊界面 Sn-Zn 系合金的高温劣化

直至 10.2 节，讨论的几乎都是焊料中以 Sn 为主要反应组元的界面反应。但其实也有其他金属作为主要反应组元的焊料，其中的代表就是 Sn-Zn 焊料。本节将介绍 Sn-Zn 系合金的高温劣化。

Sn-Zn 焊料中，Zn 的活性比 Sn 高，因此 Zn 担任了反应的主角，界面上

Cu 侧形成的是 CuZn/Cu_5Zn_8 的双层反应层[3]。CuZn 层非常薄，因此可以忽略只考虑 Cu_5Zn_8 的成长。图 10.3 是高温时效后的界面，界面的反应层会随着时间的推移而生长。时效 50h 后界面侧焊料中 Zn 的化合物相变为颗粒状，从照片中可以明显辨认出界面上的反应完成区域。此范围内的含 Zn 化合物为 Cu_5Zn_8 颗粒，Cu 在 Sn 中的扩散速度非常快，与 Zn 反应生成 Cu_5Zn_8。与此同时，如果焊料中含有 Bi，则此进程会大大加快。

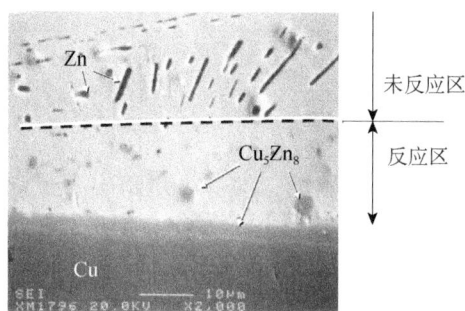

图 10.3 Sn-8Zn-3Bi/Cu 界面的高温时效组织（130℃-50h）[3]

长时间高温时效后，焊料中有限的 Zn 全部变成 Cu_5Zn_8。问题是在此之后，继续时效后在界面能观察到很多孔洞（图 10.4）[4]。同时，Cu 侧的 Sn-Cu 界面化合物生成并往 Cu 内部移动，这些孔洞会随着 IMC 成长而互相连接成微裂纹，大幅降低焊料的强度。

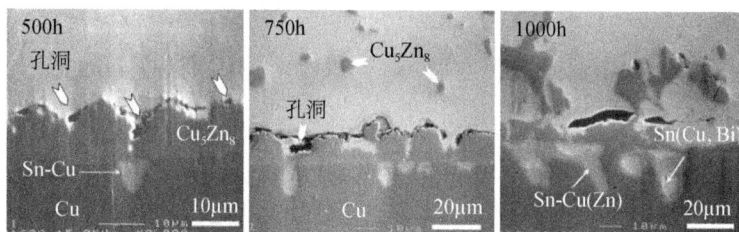

图 10.4 150℃下时效 500～1000h 的 Sn-8Zn-3Bi/Cu 界面组织[4]

总结以上结果，焊料中 Zn 未全部形成化合物前界面较为稳定，一旦焊料中 Zn 全部形成化合物，Cu 就不再发生明显的扩散现象，同时界面的 Zn 供给也将停止，之后 Sn 开始向 Cu 侧扩散。因此元素扩散将会沿着相反方向进行，孔洞会沿着焊料侧形成并长大。这一机理如图 10.5 所示，扩散方向随时间变化发生逆转，是一种比较少见的失效机理。焊料的体积越小，这种机理发生

的概率也越大，焊料层也容易变薄。也就是说，如图 10.1 所示的厚度不均一

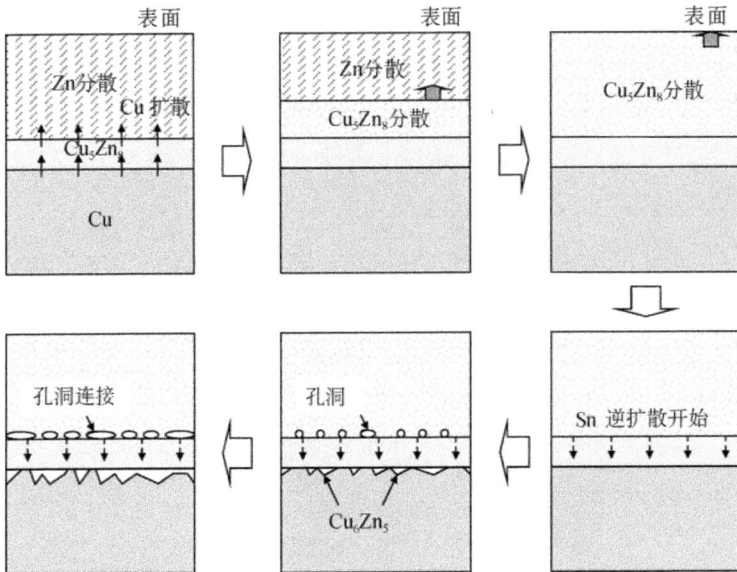

图 10.5　有限体积焊料中 Sn-Zn/Cu 界面反应的过程

焊脚，可能会因扩散反应区域的不同而产生不同程度的劣化，必须要引起注意。如果在 150℃左右高温时效，无论什么焊料都会发生劣化，而温度在 125℃附近焊点产生劣化的时间因焊料而异，需要引起注意。

10.4　高温劣化的对策

虽然可靠性的预测很难，但仍然可以整理出提高可靠性的关键注意点。首先是要防止界面发生反应，但使用 Sn 为主体的焊料，防止扩散非常困难。

合金设计：极力减少促进扩散的元素（Pb，Bi 等）。

设置阻挡层：　Ni 或者 Fe 基合金可有效阻挡。

封装形式设计：要了解焊料体积的影响。

焊点中混入促进扩散的元素会对接头性能产生较大影响，因此需要避免。Pb 和 Bi 就是这一类元素的典型。一方面，对于抑制扩散的元素报道很少。如果能将扩散元素预先添加到其扩散的终点位置也很有效。阻挡层中，Ni 和

Fe 基合金效果很好，特别是 Ni，与 Sn 的反应比较缓慢。另一方面，Fe 与 Sn 的反应更加缓慢，但氧化的效果导致其稳定性下降。如图 10.6 所示，为 42 合金与 Sn-Ag-Cu 焊料软钎焊后强度与界面反应时间的函数关系曲线[5]。令人惊讶的是强度完全没有下降，这是因为即使经过 60 分钟的反应，其化合物层也只有 3μm 左右的厚度。同时，Fe 在界面上形成的化合物是 $FeSn_2$，而 Ni 则

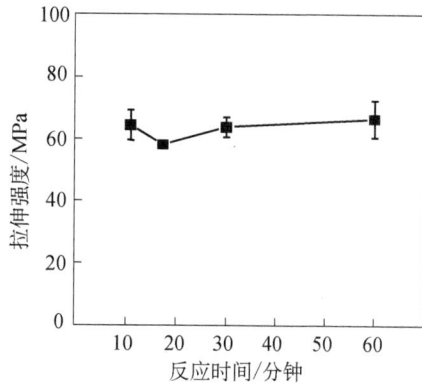

图 10.6 42 合金和 Sn 在 250℃下反应时间和拉伸强度的变化

是直接溶于焊料中形成合金。第 7 章中介绍了不锈钢导致波峰焊槽腐蚀出孔的案例，因此希望尽可能多地使用含 Fe 多的合金。

最后，与焊点结构设计有关的对策涉及焊料焊脚的形状控制，为了有足够的元素供给界面反应，焊料的体积需要保证有足够的元素可供参加反应。

参 考 文 献

[1] P. T. Vianco, K. L. Erickson, P. L. Hopkins；*J. Electron. Mater.*, **23**(1994), 721-727.

[2] G. Y. Jang, J. W. Lee, J. G. Duh：*J. Electron. Mater.*, **33**[10](2003), 1103-1110.

[3] K. Suganuma, K. Niihara, T. Shoutoku, Y. Nakamura：*J. Mater. Res.*, **13**(1998), 2859-2865.

[4] 金槿銖，金迎庵，菅沼克昭，中嶋英雄：エレクトロニクス実装学会，**5**[7] (2002)，666-671.

[5] C. -W. Hwang, K. Suganuma, J. -G. Lee, H. Mori：*J. Mater. Res.*, **18**[5](2003), 1202-1210.

第 11 章
蠕　变

　　高温下承载一定重量的材料，即使应力很小也会慢慢发生变形。金属、陶瓷等晶体材料，可以用晶体学中作为线缺陷的位错运动来解释变形。更直观一点，就是晶体发生了剪切滑移。但是高温和低温下的变形也有所差异，高温下即使是作为点缺陷的原子加速扩散都有可能导致变形。这种变形很难用语言来描述，在这种状况下，原子、位错都能在晶界上移动。一般的晶体材料一旦处在绝对温度熔点一半以上的温度区间，就不得不考虑扩散变形对机械性能的影响，也就是蠕变的影响。随着温度升高，原子扩散加速，位错也开始移动，由此导致晶界滑移，最终引起材料的微观变形。

11.1　金属的蠕变现象

　　焊料的熔点约为 200℃，绝对温度表示为 473K。而室温位于 300K 附近，对于焊料的熔点 T_m 而言，室温接近于 $0.6T_m$，此时就已经受到原子扩散的影响。另外实际使用中接头的部分有时还要高于室温数十度，因此在封装基板的可靠性设计中必须要考虑蠕变带来的影响。

　　这里简单介绍一下金属的蠕变现象。图 11.1 是具有代表性的蠕变试验方法。(a) 试验主要用于测量一般金属本身的蠕变特性；(b)、(c) 的试样更接近于实际封装连接的形状。前者主要测量影响蠕变特性的参数；后者则是在备选焊料中通过比较从而得到最优选项。在封装中如果蠕变问题来源于表面封装的剪切变形，参数的确定难度就很大，采用后者的试验方法相对容易实现。

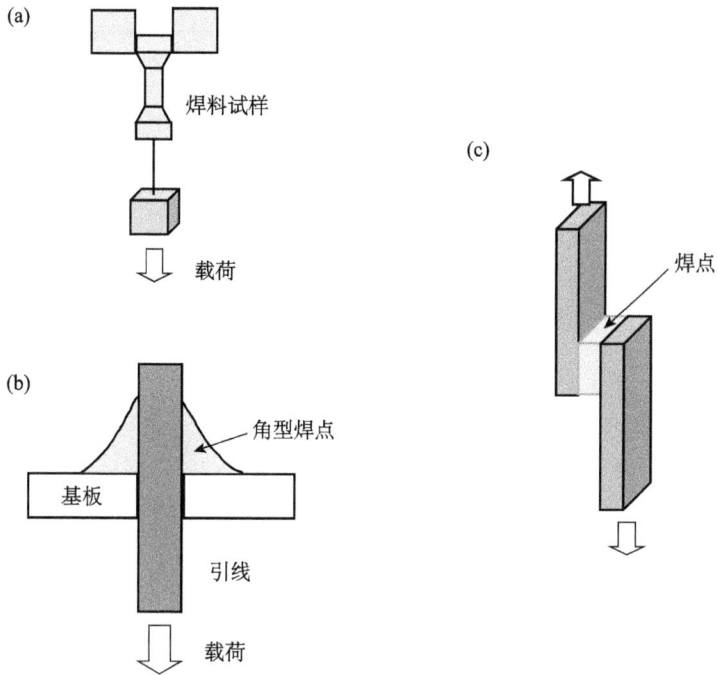

图 11.1　焊料的各种蠕变试验方法

图 11.1（a）的试样在下挂载荷的状态下提高温度，即使应力很小试样也能变形。从变形开始时计时，可以得到伸长量与时间的关系曲线如图 11.2 所示。在开始变形后的一小段时间（Ⅰ）产生加工硬化，然后进入一段稳定速度的蠕变区（Ⅱ）（第二蠕变或等速蠕变阶段），最后急速伸长直至断裂（Ⅲ）。由于在等速蠕变过程中（Ⅱ）金属试样发生了大的变形，孔洞之类的缺陷也在此时产生并积蓄于金属内，等速蠕变阶段被视为蠕变分析的重要阶段。典型的无铅焊料蠕变曲线如图 11.3 所示[1]，通过比较 Sn-Ag-Cu，Sn-Ag，Sn-Cu 共晶焊料的蠕变曲线，可以清楚地得到发生蠕变破坏的时间顺序

$$Sn\text{-}Ag\text{-}Cu > Sn\text{-}Ag \geqslant Sn\text{-}Cu$$

除此之外，Sn-Pb 合金的蠕变破坏时间较 Sn-Cu 还要短。这种差异可以用金属间化合物占比量的不同来解释。Sn-Ag-Cu 中金属间化合物的体积率约为 5.9%，Sn-Ag 约为 4.8%，Sn-Cu 约为 1.8%[1]。金属间化合物在强化 Sn 中有着重要作用，体积率的增高有利于抵抗蠕变，虽然 Sn-Ag-Cu 在强度上存

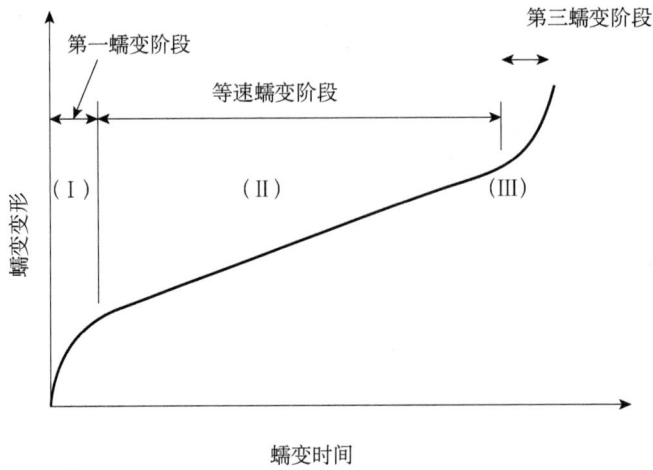

图 11.2　蠕变曲线

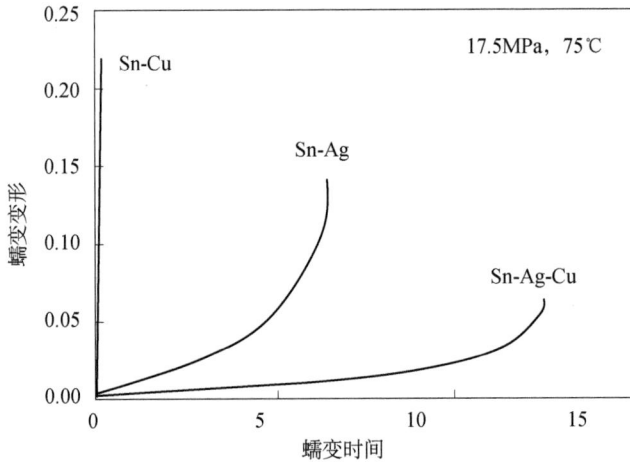

图 11.3　典型无铅焊料的蠕变曲线[11]

在优势，但这并不意味着其优于后两者。Sn-Cu（包括 Sn-Pb）断裂时的延伸率大于 Sn-Ag-Cu，说明在延展性上 Sn-Cu 较 Sn-Ag-Cu 更有优势。

11.2　蠕变机理

等速蠕变阶段的变形速度和加载应力由以下关系决定：

$$\dot{\varepsilon} = A\sigma^n \exp\left(-\frac{Q}{kT}\right) \tag{11.1}$$

式中，$\dot{\varepsilon}$ 为应变速率；A 与 n 为常数；Q 为激活能；k 为玻尔兹曼常量；T 为绝对温度。式（11.1）为幂函数，在考虑蠕变寿命的情况下来定义最终蠕变破坏的数值（如一定的变形量），将式（11.1）取倒数得到

$$t_f = B / \dot{\varepsilon} = B'\sigma^{-n} \exp\left(\frac{Q}{kT}\right) \tag{11.2}$$

这里 B，B' 为任意常数。此式在预测蠕变变形时经常用到，但应用时也需要注意焊料的组织变化是缓慢进行的。Sn-Pb 和 Sn-Cu 焊料在焊接后呈现微细的共晶组织，即使在室温下也会发生粗大化。式（11.2）所对应的寿命曲线如图 11.4 所示[2]。Sn-Bi、Sn-Pb、Sn-In 焊料寿命关系都表示于图中，可以看出 Sn-Ag 有着最好的蠕变抵抗率，而 Sn-In 比 Sn-Pb 还要差。

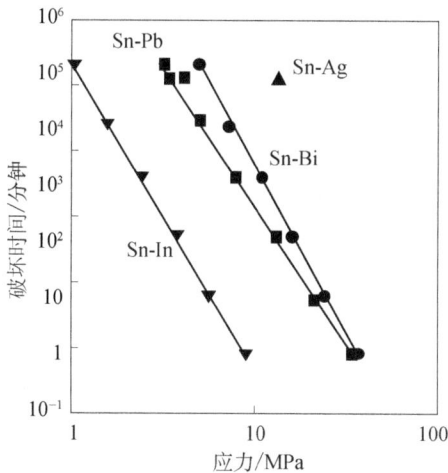

图 11.4　应力对各种焊料蠕变寿命的影响[2]

式（11.1）中 n 被称为应力指数，是表示变形程度的指标。如 Sn-Ag 一样，有微细金属间化合物分散强化的无铅焊料，一般 n 值较 Sn-Pb 焊料要大。现有的报告中，焊料的应力指数 n 范围为 5～12，激活能 Q 范围为 50～100kJ/mol，数据分散性较大，提出统一的机理解释较为困难。将图 11.3 所示的关系取对数，可以得到图 11.5，此图中的数据近似于直线，但实际上多数情况下高应力和低应力侧的表现会有不同，图 11.6 就是其中的代表[3]。一般低温或低应力时 n 值较低约为 5，这时扩散机理以位错扩散为主，但在高温或高应力下晶格

扩散占支配地位。以 Sn-Pb 共晶焊料为例，应力指数 n 和激活能 Q 与温度的关系如图 11.7 所示[4]。低应力侧的应力指数从 5 开始缓缓下降，150℃时降到 3 以下。另外，高应力侧则从 12 开始下降，150℃时变为 8 左右。图示温度范围中，激活能从约 50kJ/mol 上升至约 80kJ/mol，这种连续的变化可以用混合扩散来解释。

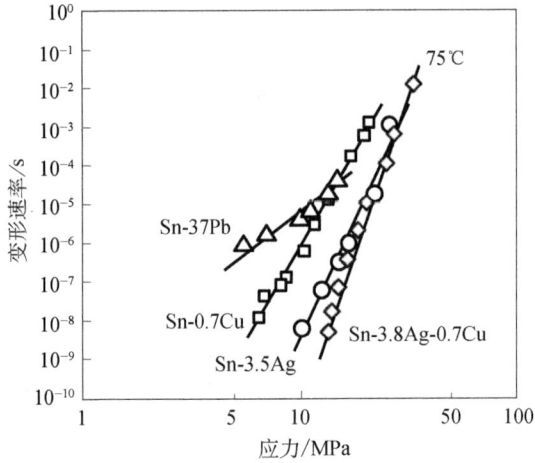

图 11.5　部分无铅焊料等速蠕变速率随应力的变化

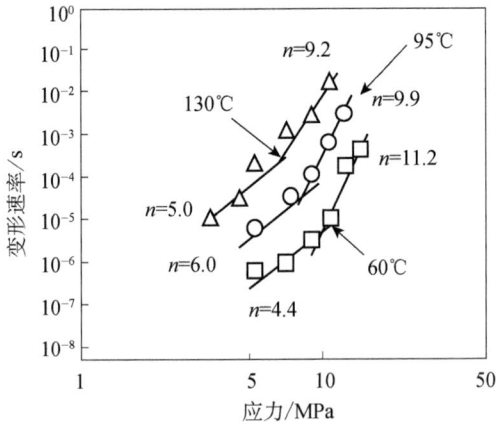

图 11.6　Sn-3Ag-0.5Cu 等速蠕变速率随应力的变化

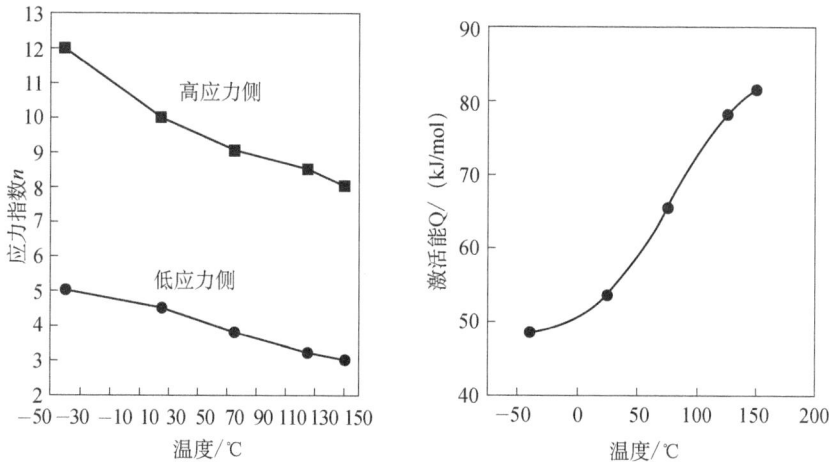

图 11.7　Sn-Pb 共晶焊料的应力指数和激活能随温度的变化[4]

11.3　蠕变评价相关课题

以上内容并不足以充分解释研究者之间的数据差异，蠕变数据存在差异的原因实际上来自焊料组织随时间的变化。另外，接头组织初期也有细微差别，其他如蠕变试样制作工艺差别以及对焊料进行加热方式的不同都有可能导致组织的微妙变化。

使用 FIB 对样品进行标记，可以更直观地理解蠕变现象，如图 11.8 所示[5]。此实验使用 Sn-3.8Ag-0.7Cu 进行剪切实验，等速蠕变的结果表明变形受组织影响很大，在焊料中由随机出现到伴随着局部集中而进行。另外，如果存在初生金属间化合物，其不会破坏并能阻止变形扩展，从而在其界面上产生了滑移变形。

现实中的封装，焊点接头的尺寸每天都有细微变化。比如说倒装芯片的焊锡凸块和 CSP 技术中的焊球尺寸可以达到 $50\mu m$ 的直径。这样各个凸块或焊球可能会成为无晶界的单结晶，而 Sn 又是各向异性材料，评价其机械性能时必须考虑评价方法的影响。

除了与蠕变的评价方法有关的课题之外，开发具有高蠕变抗力同时又有应力缓冲效果的无铅焊料也是今后的重要目标。换句话说，硬度过高的 Sn-Ag-Cu 并不是万能的，有时较为柔软的焊料也是必需的。比如应用在强度要求不高的大型部件软钎焊的场合，以及焊接基板为陶瓷或含金属内核等硬质材料的情况下。比起 Sn-Ag-Cu 系焊料，一些半导体企业更推崇 Sn-Cu 系焊料，就是看中 Sn-Cu 焊料的柔软性。结合下一章将介绍的温度循环抵抗力，保障可靠性将是今后的课题目标。

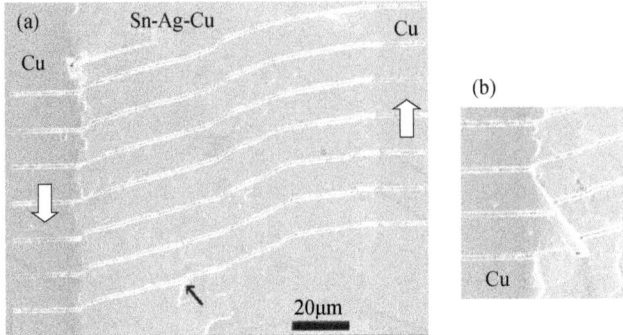

图 11.8　Sn-3.8Ag-0.7Cu 剪切蠕变的变形状态 [5]

（a）不均匀变形明显，箭头所指为台阶的形成；（b）初生化合物界面阻挡变形，导致界面滑移

参 考 文 献

［1］M.L. Huang, C.M.L. Wu, L. Wang: *J. Electron. Mater.*, **34**［11］（2005），1373-1377.

［2］J. Glazer: *J. Electron. Mater.*, **23**［8］（1994），693-700.

［3］H.G. Song, J.W. Morris, F. Hua: *JOM*, June, （2002），30-32.

［4］X.Q. Shi, Z.P. Wang, W. Zhou, H.L.J. Pang, Q.J.Yang: *J. Electron.Pakcaging*, **124**（2002），85-90.

［5］P.P. Jud, G. Grossmann, Urs. Sennhauser, P.J. Uggowitzer: *J. Electron. Mater.*, **34**［9］（2005），1206-1214.

第 12 章
机械疲劳及温度循环

受到连续振动的电子产品，其疲劳特性直接影响使用寿命。例如，传统手机在按键使用时经常受到按压冲击，其冲击会直接传递给封装基板，对基板造成很大负荷。车载电子产品及 FA 器件的工作环境极为严酷，经常伴随着高温及长时间的稳定持续振动。为了理解焊料及其接头的疲劳特性，首先要能够预估各种疲劳环境下发生的疲劳现象。同时由于评价温度循环（热疲劳）特性所需时间较长，为了缩短评估时间也经常用机械疲劳试验代替。本章先介绍机械疲劳相关的基础知识。

12.1　机械疲劳的作用

有关机械疲劳的参数主要有：应力/应变、振幅、破坏循环数。值得注意的现象有：应变积累（孔洞的形核与生长），裂纹发生和生长。而分析机械疲劳的理论模型则有：以应力为基础的模型，应变范围（塑性和蠕变）为基础的模型，能量模型以及以损伤积累为基础的模型。以应力为基础的模型适用于冲击来自于振动或按键的场合，应变基础模型在热应力模拟中有重要地位，能量模型可以利用应力-应变的滞后现象换算出能量消耗，属于比较新的研究手段。基于损伤过程的模型可以将裂纹的扩展定量化，这也是破坏力学的基础。

焊料及接头的破坏现象发生在低循环次数下的破坏被称为"低循环疲劳"，图 12.1 给出了破坏寿命（循环次数）与总应变之间的关系[1]。低循环破坏和高循环破坏范围可清楚地从图上看出。这是因为疲劳是由非弹性项和弹性项叠加而成。

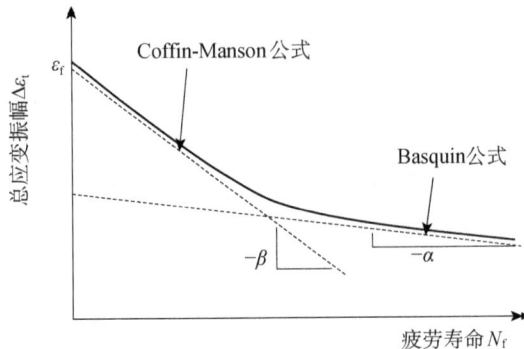

图 12.1　应变范围-破坏循环数的关系[1]

$$\Delta \varepsilon_t = \Delta \varepsilon_e + \Delta \varepsilon_{in} \tag{12.1}$$

根据式（12.1）可以描绘出图 12.2 所示的应力-应变曲线。可以看出非弹性应变项服从 Coffin-Manson 关系式

$$\Delta \varepsilon_{in} \cdot N_f^{\beta} = C \tag{12.2}$$

β 和 C 为常数，β 大概在 0.5～0.7 范围内取值。这些系数随试样形状和变形模式而有所差异，通常可由实验求得。如要考虑更精确的实验结果，应该将高循环疲劳中的弹性项也考虑进去，如图 12.2 所示。

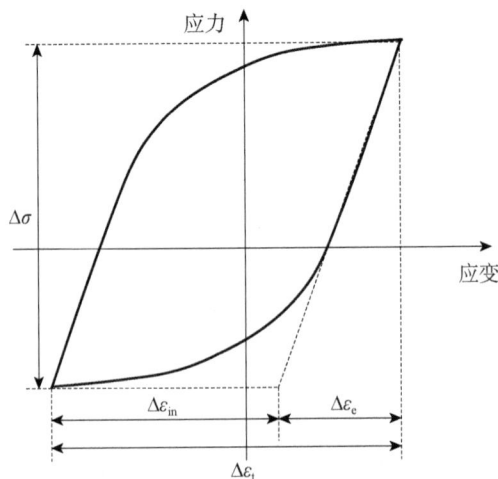

图 12.2　机械疲劳中应力-应变曲线

116

作为 Coffin-Manson 关系的示例，整理 Sn-3.5Ag-In 系无铅焊料的评价结果如图 12.3 所示[2]。与 Sn-Pb 系共晶焊料相比较，Sn-Ag 共晶焊料的抗疲劳特性特别优异。但当 In 逐渐加入时，Sn-Ag 共晶焊料的疲劳特性逐渐降低。但 Sn-Pb 共晶焊料中即使加入 5%的 In，其疲劳特性也不会降低。其他合金元素对 Sn-Ag 焊料的影响有：Cu 加入 2%以下，性能变化不大；Zn 加入少量就能降低其性能；Bi 对疲劳特性的降低影响很大，添加 2%的 Bi 就使焊料疲劳特性降低至与 Sn-Pb 共晶焊料持平。

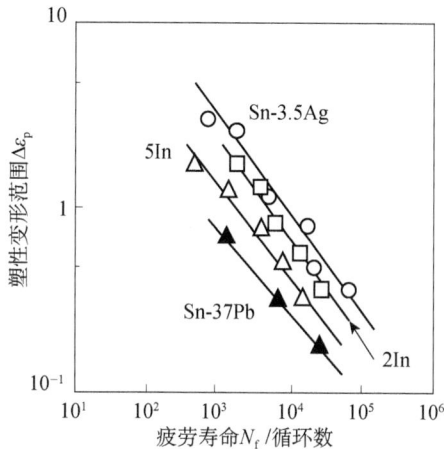

图 12.3　Sn-3.5Ag-xIn 和 Sn-Pb 共晶焊料室温下的 Coffin-Manson 曲线[2]

对于加速实验，试验中的循环频率项也会产生影响。一般在 Sn-Pb 的评价中取为 $f^{1/3}$，将其代入式（12.2），得寿命评价式

$$N_f = C \cdot f^{1/3} (\Delta \varepsilon_{in})^{-\beta} \qquad (12.3)$$

实际测得的各无铅焊料疲劳特性和循环频率关系如图 12.4 所示[3]。从结果来看，频率指数的取值在 0.13~0.51 的大范围内波动，式中的 1/3 并不适合。目前对于频率项并没有统一的理论解释，试样形状和试验方法也没有得到统一的共识。如今对频率项的评价只有如图 12.4 所示进行的实验测量。

另外，蠕变的影响也无法忽视，特别是有拉伸载荷存在时对缺陷的产生影响很大。也就是说，拉伸状态下导致的应力松弛可能会使寿命降低。实际的疲劳试验中希望能够加入这种因素进行考虑。在测试时先加载一段时间的拉伸，预先判断一下应力保持的时间。在 Sn-3.5Ag 体系中，只进行 120s（2min）

的拉伸即可达到应变的饱和状态[2]，因此可判断 2min 左右已经足够了。

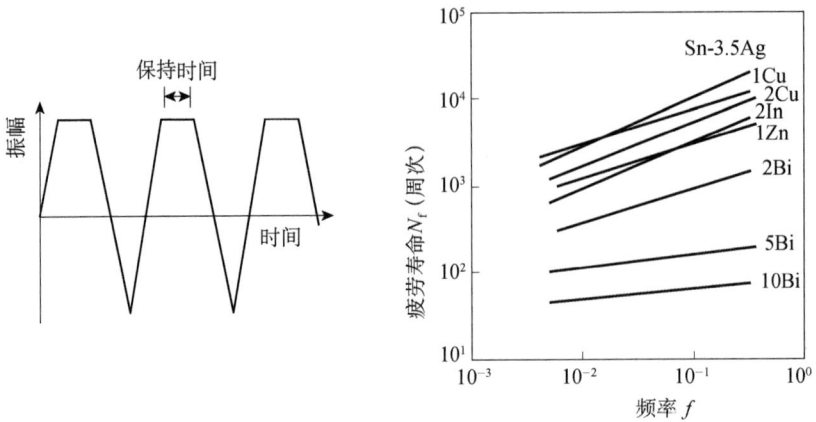

图 12.4　振动频率对 Sn-3.5Ag-X 机械疲劳破坏寿命的影响（室温，应变 1%）[3]

12.2　温度循环的作用

温度循环（或称热疲劳、热冲击）实际上几乎是所有器件故障的起因，可以说是可靠性的关键。以倒装芯片的温度变化为例，图 12.5 是温度变化后 Si 片、基板及焊球形成的互连结构示意图。Si 是半导体，其热膨胀系数较小，另外，基板的热膨胀率较大。因此当器件的温度发生变化时，焊球中会产生很大的内应力。该示意图显示了加热时的变化，冷却时则变形方向相反。

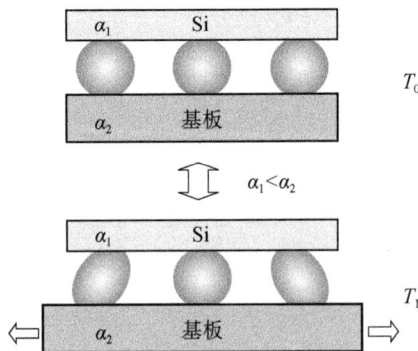

图 12.5　温度循环中焊料的变形

如此重复多次，焊球和界面附近将出现裂纹，裂纹的不断生长，最后导致焊点破坏失效。当温度在一定范围内变化时，应变也会在一定范围内变化，但应力则不一定。此即为前节所述的应变模型在疲劳试验中的应用。

焊料变形模式中，蠕变变形的影响远大于相同温度下机械疲劳的作用。按图 12.2 描绘的温度循环的应变–应力滞后曲线画一个温度循环，可得图 12.6 所示的图形[4]，高温侧和低温侧的变形滞后用虚线表示，温度循环实验处于两者之间的范围，这是蠕变产生应力松弛的结果。

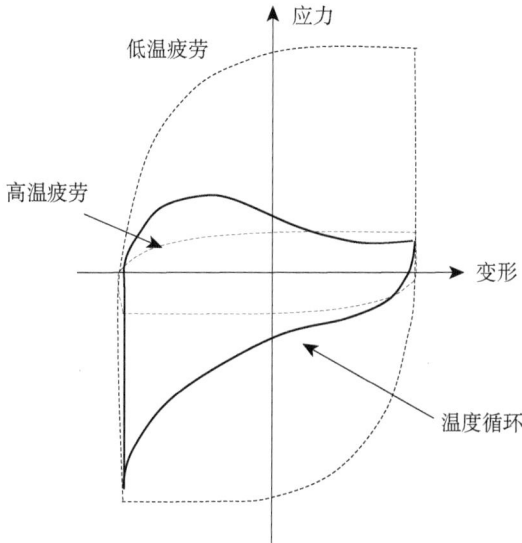

图 12.6　温度循环中应力-应变的滞后曲线[4]

同样，机械疲劳在很大程度上也受保温时间的影响。保温后的曲线变为右上和左下的箭头所指虚线部分。另外，加速实验中，升温速度、冷却速度等参数都将产生很大的影响。为了准确地评价温度循环特性，这些参数都需要确定最佳数值，虽然目前还没有统一的结论，但是根据经验，20～30min 的保温时间是必须的。图 12.7 是搭载 Sn-3Ag-0.5Cu 焊球的 CSP 使用 Sn-Zn-Bi 焊膏进行焊接的温度循环特性评价统计结果[5]，保温时间分别为 10min，20min，30min。虽然保温时间越长可靠性越差，但可看出 20min 和 30min 的差别并不明显。

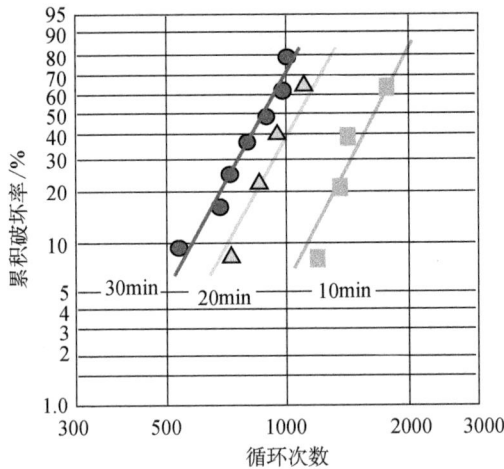

图 12.7　不同保温时间对 Sn-8Zn-3Bi 焊膏和 Sn-3Ag-0.5Cu 焊球 CSP 样品
温度循环寿命威布尔分布的影响[5]

12.3　疲劳及温度循环影响的评价方法

对于评价已封装好基板的机械疲劳试验和温度循环试验，给出以下几个
要点。

图 12.8 是搭载了器件的基板的弯曲疲劳试验[6]。控制波形为三角波，最
大弯曲深度为 0.5～5mm，弯曲速度为 0.5mm/s，跨度为 90mm。基板的支撑
部在水平方向给予约束防止其振动。另外搭载器件中设有菊花链（daisy
chain）、测试试验中的电阻变化，当电阻达到一定值时就视为其寿命已至。在
各种表面封装器件的评价中，图 12.8 为 FBGA 的评价例，器件的封装方向也
会影响寿命，一般来说，器件四边与基板平行其寿命最长。

温度循环的试验方法有针对 CSP 和 BGA 搭载基板的 JEITA 标准
（ET-7407）。温度范围有：-25～125℃，-40～125℃，-30～80℃；保温时间：
Sn-Pb 系 7min 以上，Sn-Ag-Cu 系 15min 以上；升温、降温速率没有要求。美
国有 JECEC 标准（JESD22-A104-B）。此规定更为细致，规定了温度下限范围
为-65～0℃，温度上限范围为：85～150℃，保温时间为：1～15min，推荐升
温速度为 10～14℃/min。通常使用双槽式温度循环器，一个循环用时约 2h。

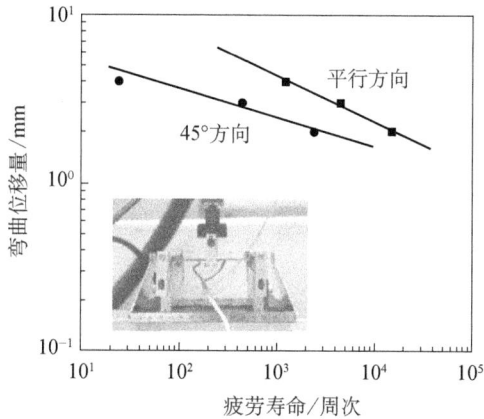

图 12.8　器件搭载方向对机械疲劳寿命的影响[6]

FBGA 使用 Sn-3Ag-0.5Cu 焊球进行封装，器件四边与基板各边平行/呈 45°方向进行弯曲试验

但如前文所述，如此温度设定保温 15min 感觉时间有些短。保温时间将影响样品的封装形态，以保温 20min 以上为好。图 12.9 就是这种双槽式温度循环试验机的一例。

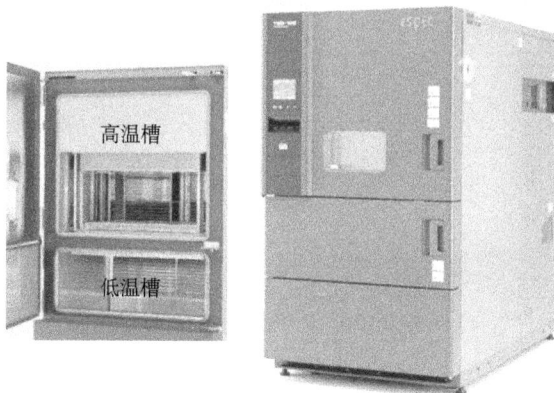

图 12.9　双槽式温度循环试验装置和内部结构（ESPEC）

最后，补充介绍一下与本章可靠性密切相关的组织知识。在基板封装中经常强调微小尺度连接的特殊性，并展开了与此相关的微米级软钎焊的评价。焊点部分尺寸有时可以小到数百微米，如小型 CSP 的 Sn-Ag-Cu 焊球，通常只由几个晶粒组成，极端情况下还会出现单晶粒。Sn 是一种各向异性极强的材料，极有可能影响晶粒的机械特性和疲劳寿命。还有一点需要注意的是，

Sn-Ag-Cu系焊料自身很容易形成金属间化合物。特别是作为初生的粗大Ag_3Sn的形成，其大小可达数百微米。对于此现象利弊的报道尚无定论，但还是希望能够避免。目前对于组织和试验方法的数据仍然不足，为了进行准确的寿命评价，今后希望尽可能多地积累研究数据。

参 考 文 献

［1］ W.W. Lee, L.T. Nguyen, G.S. Selvaduray：*Microelectronics Reliability*, **40** (2000), 231-244.

［2］ Y. Kariya, M. Otsuka：*J. Electron. Mater.*, **27**［11］(1998), 1229-1235.

［3］ 苅谷義治、香川裕秀、大塚正久：Mate98、溶接学会、(1998).

［4］ P. Hall：*IEEE Transactions on Components, Hybrids, and Manufacturing Technology*, **7**［4］(1984), 314-327

［5］ 「低温鉛フリーはんだ実装技術」、エレクトロニクス実装学会、(2003)

［6］ 田中秀典、苅谷義治、佐々木喜七、高橋邦明：MES2005、エレクトロニクス実装学会、(2005)、285-288.

第13章
高湿环境下的劣化

20 世纪，某大型电器公司在向美国出口电视时，不知为何销售出的电视经常发生故障，公司的信誉受到了很大的冲击，但是同样的产品在国内却能够正常使用。这之后，该公司的工程师拼命寻找其中失效的原因，最终确定是在船运时经过巴拿马运河，其高温高湿的环境导致产品故障。针对此问题又进行了不懈努力，才将公司的信誉挽回。可靠性设计不止包括产品的制造过程和实际应用，也需要考虑产品运输等有关环节，涵盖其使用寿命结束前的所有因素。本章将介绍引起产品故障并难于解决的另一因素——高湿环境。

13.1　吸湿引起的故障

湿度高的环境对电子产品来说必须高度关注。例如日本处在太平洋沿岸，夏天湿度可高达 80%，环境可谓非常严酷。通常我们所称的湿度，实际上是相对湿度。也就是说，某温度下从饱和蒸气压中算出的相对湿度（%后常缀以 RH（relative humidity）来表示）。当湿度为 100%时结露是常有的事，例如，夏天放在口袋里的手机就经常出现相似的现象。现在的电子产品在东南亚或中南美洲等地区制造然后通过集装箱运送到日本、北美、欧洲等地。运输过程中如果空调停止运行，也需要能耐受一定的湿度，需十分注意。

另外，湿度对电子设备的具体影响，需要从各个方面来考虑，造成的主要失效故障有以下几点。

（1）短路；

（2）有机材料吸湿膨胀；

（3）吸湿导致的腐蚀和氧化；

（4）离子迁移。

首先是短路，除了晶须及极少数设计错误，真正在使用中很少出现此类故障，即使出现也能够很快排除，可以不作考虑。接下来是有机材料吸湿膨胀，这一现象本身很好理解。也就是说，只要明确材质状态和解决方法，就可以控制和预测大概吸收多少水分。吸湿也是一种热激活的过程，详细可以参考文献[1]。构成电子产品的有机材料有：产品包装的塑料、底部填充剂和粘合剂、焊料的助焊剂、各种基板以及最近的有机器件等。比起陶瓷，有机材料更易吸水。简单的吸湿问题，只要进行积极的处理，不会对寿命产生太大的影响。

虽然吸湿本身并不会导致问题，但软钎焊后从大气中吸收的水分会导致基板产生缓慢变化，这就导致了上述故障原因中的后两项问题：腐蚀氧化，离子迁移。首先，吸湿后产生的现象如示意图 13.1 所示。有水分存在下焊料自身产生氧化和腐蚀。进展速度与合金种类、杂质、助焊剂成分残留、基板扩散出的离子等都有很大关系。表面氧化、界面电化学腐蚀（galvanic corrosion）和晶须生长都有可能发生。晶须是焊料无铅化中最为深刻的问题之一，后文将详细介绍。

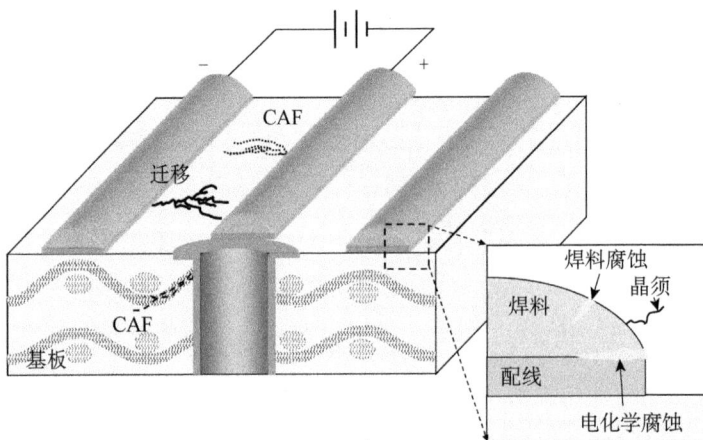

图 13.1　高湿环境下的各种腐蚀现象

最近，无清洗助焊剂变得流行，不产生活性残渣的助焊剂可以作为焊料和配线的保护设计，但是助焊剂随时间的变化而产生裂痕及吸水问题仍然需要引起注意。电极间如果加有电压，反应更为激烈，如离子迁移和电路板内层微短路现象（conductive anodic filament，CAF，阳极性玻纤丝漏电）。更为严重的场合会发展成电极间的短路，需引起注意。

软钎焊中这类因素的影响及各种现象的机理问题，还没有得到充分的研究。寿命评价试验中如果不能正确判断发生何种现象，也许会得到完全相反的结论。本章将会介绍几个例子来说明此观点的重要性。

13.2　高湿环境的腐蚀

本节要介绍的例子并不是焊料，而是替代焊料的连接材料 Ag-环氧树脂导电性胶粘剂和 ACF（各向异性导电薄膜）。

Ag-环氧树脂导电性胶粘剂既具有 Ag 的导电性，也能像普通胶粘剂一样实现粘接，在 150℃ 以下的低温封装中有重要应用前景[2]。但作为粘合剂，环氧树脂的吸湿问题会影响到 Ag 粒子之间的连接，进而影响到连接部分的电气特性和机械特性。

图 13.2 是高温高湿下放置的 Sn 镀层芯片器件的电阻值变化曲线[3]。随着放置时间的延长，电阻值大幅上升。这种劣化现象不只影响电阻值，还会导致连接强度的弱化。此外，Sn 镀层与 Ag-环氧树脂导电性胶粘剂的相容性很差，原因是 Ag 粒子与 Sn 镀层的接触电位不同。当异种材料进行接触时，两者间必有接触电位差产生。虽然不形成回路就没有电流，但当湿度过高时，异种金属界面上会形成如图 13.3 所示的回路。这种腐蚀现象被称为电化学腐蚀，特征为局部界面形成原电池而导致活泼金属溶出形成离子化合物，如对应的氢氧化物和氧化物，从而导致界面劣化产生。图 13.3 中附表是各金属的标准电位，但环境的 pH 值和钝化膜的生成也会对标准电位产生影响。

Ag 粒子/Sn 镀层的界面虽然满足了电化学腐蚀的接触条件，但环氧树脂将此界面紧紧密封，理论上水分无法侵入，自然也无法发生腐蚀。但实际上如图 9.2 所示，界面的腐蚀随着温度湿度的变化而缓慢发生。也就是说，水分透过环氧树脂到达了 Ag/Sn 结合界面。类似环氧树脂的有机聚合物的构造在

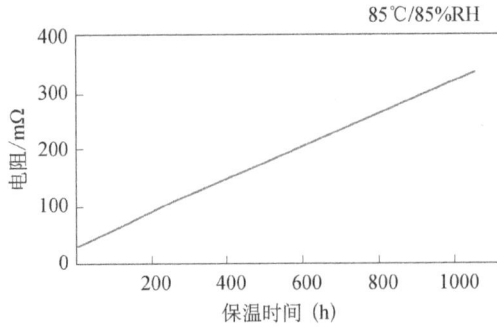

图 13.2　使用导电性胶粘剂封装带 Sn-Pb 镀层的 C3216 器件高温高湿试验下的电阻变化[3]

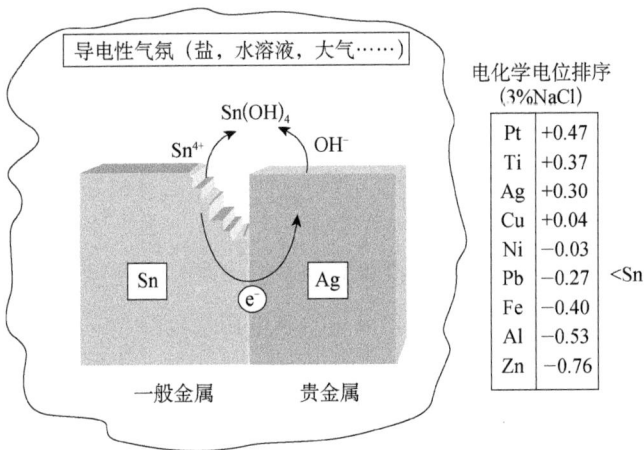

图 13.3　电化学腐蚀的机理

分子层面上具有空隙，而水可以缓慢通过空隙进行渗透。导电性胶粘剂的改性也会左右其状态，所以为有效防止胶粘剂的劣化，改性中最为重要的就是堵上这些空隙。ACF 也需要考虑水分渗入的影响，例如，使用 Ni 镀层粒子。虽然 Ni 镀层与 Sn 镀层的电位差很小，电化学腐蚀影响不大，但是 Ni 和 Sn 的氧化问题会导致电阻值升高。对于这种现象，也同样需要改性进行控制。另外，其他金属体系如 Ag/Sn 或 Au/Sn 之类的界面都有可能出现同样的电化学腐蚀现象。因此在 Ag/Au 镀层上进行软钎焊，或者组装这类接头或开关时都必须予以注意。

　　无铅焊料虽然大多数都耐高湿腐蚀，但也有例外。例如，Sn-Zn 焊料虽在 60℃/90%RH 的高湿环境下几乎不腐蚀，但在 85℃/85%RH 的条件下 Zn 会向焊点表面扩散并同时发生氧化。如果考虑电位差，这种腐蚀也是基于电化学腐蚀。表面附近的 Zn 会发生粗大化，反应形成 ZnO。而如果焊料中混有微量 Pb 或 Bi，这一反应速度会大大加快。图 13.4 是 1000h 时效后焊脚的剪切实验断面组织，可明显看出破坏时的裂纹是沿着 ZnO 层或 ZnO/Sn 混合界面扩展的[4]。而 Cu 板的接合界面也会出现问题，界面上由于 Cu_5Zn_8 的出现而形成了 $Sn/Cu_5Zn_8/Cu$ 的结构，而这种界面也很容易被氧化和腐蚀。

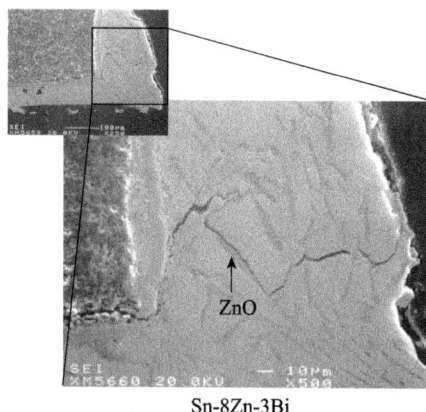

图 13.4　85℃/85%RH，1000h 时效后的芯片器件剪切试验时的裂纹扩散[4]

以上高湿环境下异种金属界面产生的现象，在软钎焊和导电胶粘接应用过程中受到多方面环境因素的影响（气氛、离子杂质等），而此中的未知因素很多，希望将有关的参数进行整理后再进行寿命评价和寿命设计。

13.3　离子迁移

离子迁移被发现的历史很长，在 1955 年的交换机故障报告中被人所熟知[5]。图 13.1 中，标为"迁移"的现象通常指的就是离子迁移，金属离子从正极溶出，然后在负极聚集还原成金属，还原的金属呈枝晶状生长，最后短路。另外在 CAF 中，正极溶出的金属离子向负极扩散的速度较慢，在途中就被还原，如此反复而导致正极向负极的生长，形成的物质也不仅限于金属，也有化合物和氧化物。CAF 在基板内部也能出现离子迁移的现象，通常是经由纤维和基材的缝隙或基板间的接合界面传播。因此，实用的电路板中都或多或少地存在离子迁移现象。图 13.5 是 Sn-Pb 镀层上出现的离子迁移现象，这种场合下 Pb 溶出，析出生长的 Pb 树枝状组织中也多少混有 Sn。

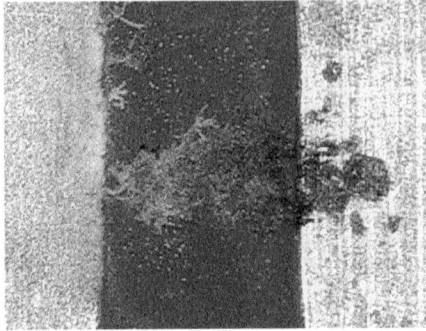

图 13.5　FR4 基板配线的 Sn-10Pb 镀层中发生的离子迁移

Ag 是容易发生离子迁移的元素。但 Ag 在键合线材料中的工业价值巨大，由于 Ag 容易发生离子迁移，因此相当多有关离子迁移的研究都围绕着 Ag 展开。Ag 迁移现象的本质也得以掌握，这一现象可分步表示为

（1）正极 Ag 离子化

$$正极：Ag \longrightarrow Ag^+ + e^-$$

（2）水的电解和 Ag 离子的反应（高于电解电压）

$$Ag^+ + OH^- \longleftrightarrow AgOH$$

（3）氢氧化银生成氧化银/可逆

$$AgOH \longleftrightarrow Ag_2O + H_2O$$

（4）负极库仑力作用下离子移动并金属化

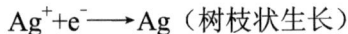

$$Ag^+ + e^- \longrightarrow Ag（树枝状生长）$$

AgOH 和 Ag_2O 在标准环境状态下不稳定，向负极移动的过程中可能不断发生（2）、（3）的反应，其他金属的离子迁移过程也几乎相同。在（2）中，虽然水的电解需要一定的电压，但在电解电压以下，离子迁移也会发生。图 13.6 的横轴为电场强度，纵轴为离子迁移引发短路需要经过的时间[6]。pH 值的变化对离子迁移有一定影响，当施加电压超过 0.8V 时短路时间直线的斜率发生改变；0.8V 电压以下离子迁移也同样发生，但这一范围不受 pH 值的影响。低电压侧离子迁移不受 pH 值影响的原因可能是 Ag 离子的生成也不受 pH 值的影响。

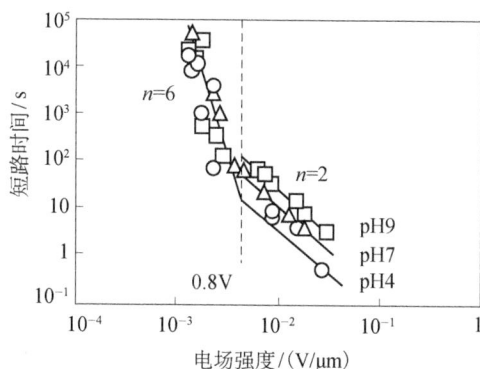

图 13.6　电场强度和 pH 值对 Ag 离子迁移的影响 [6]

　　无铅焊料较 Ag 和 Sn-Pb 焊料更不容易发生离子迁移现象。图 13.7 是各种无铅焊料通过简易试验方法评价获得的结果示意图 [7]。按易发生离子迁移的顺序，有 Cu>Sn-Pb>Sn-3.5Ag-0.75Cu>Sn-58Bi>Sn-9Zn。除 Pb 和 Zn 元素外，几乎所有的条件下 Sn 均为溶出元素。虽然 Ag 单独存在时易发生离子迁移，但 Sn-Ag-Cu 焊料中 Ag 以 Ag_3Sn 形态存在而被束缚住，固溶的 Ag 几乎没有，因此离子迁移也被抑制。图 13.8 是 FR4 基板的梳状 Cu 配线上使用无铅焊膏进行回流焊，然后在高温高湿下进行通电实验的结果。在此条件下，残存的助焊剂在高温高湿条件下出现裂纹，水分侵入铜键合线，进而引起离子迁移。

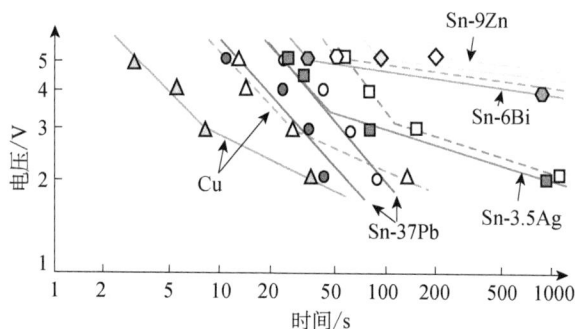

图 13.7　水滴实验（WDT）的离子迁移评价 [7]

JIS2 型梳状电极，实线为初期值，虚线为短路

　　与离子迁移有关的因素有很多。除去温度、湿度的影响外，电化学活性、pH 值、施加电压、合金元素、助焊剂残留、基板离子性溶出元素、杂质等都能对离子迁移产生影响。助焊剂和基板中对焊点有不利影响的元素有 Cl、Br、

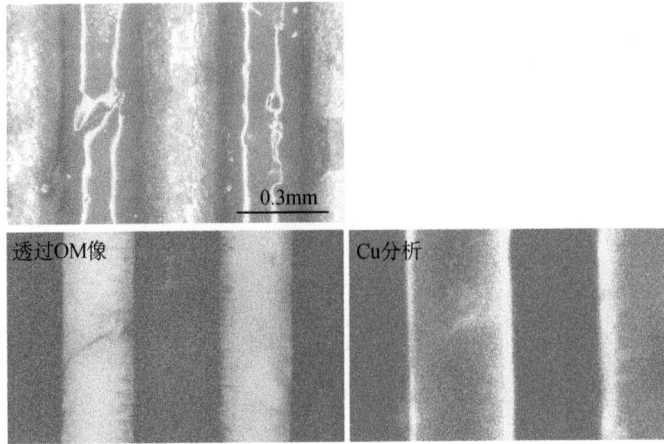

图 13.8   Sn-2Ag-0.5Cu-4Bi 焊料中的离子迁移现象

助焊剂和基板的界面上 Cu 从键合线露出部分溶出（X 射线分析显微镜，堀场分析中心）

S 以及 Sb，这些元素仅极微量存在都有可能导致故障。如最近的市场产品故障中，无卤素阻燃材料中因红磷元素的存在，导致在高湿环境下发生了 Ag 的离子迁移。而无铅焊料也是，经常需要明确是什么原因导致的离子迁移。

在考虑离子迁移的加速性实验中，加速因子有很多，但最重要的项目有施加电压、温度和湿度。因此根据经验有如下公式：

$$t_{im} = A \cdot V^{-n} \cdot \exp(Q/kT) \tag{13.1}$$

式中，V 为施加电压；A 和 n 为系数；Q 为激活能；k 为玻尔兹曼常量；T 为绝对温度。值得注意的是此式没有与湿度有关的项，这是因为湿度相关特性还有很多的不确定因素，而相对湿度在计算中并没有意义，绝对湿度的取值也很困难。希望以后能有相关参数的导入。

关于离子迁移的抑制，目前确定的影响因素有温度、湿度、电化学活性、pH 值、施加电压、合金元素、助焊剂残留、基板离子性溶出元素、杂质等，这些都需要予以控制。其中助焊剂由于会导入卤素加速离子迁移，所以需十分注意。另外，基板溶出的如 SO_4^{2-} 或 NH_4^- 都有加速迁移的可能。因此使用基板的种类也需十分注意，最好能够预知基板溶出物质的特性。

反之，也有能抑制离子迁移的元素，如可抑制 Cu 离子迁移的聚乙烯三嗪。其效果是增加 Cu 离子的溶解度而减缓其移动[8]。其他如苯并三唑和硬脂酸都能抑制 Cu 和 Ag 的离子迁移，但其作用方法与上不同，推测为包覆电极从而产生抑制效果[9]。

13.4　气　体　腐　蚀

关于电子产品的气体腐蚀报告很少。首先介绍 Ag 的气体腐蚀，特别对硫化进行介绍。Ag 被广泛应用在装饰品上，并且容易与大气中的含硫气体反应，并在表面形成 AgS。电子器件中此反应也很容易发生，特别是 Ag 镀层被硫化而导致焊接性能下降，图 13.9 就是其中一例。虽然炼铁厂中硫化更容易发生，但通常空气气氛中 Ag 的硫化也较易发生，需引起注意。

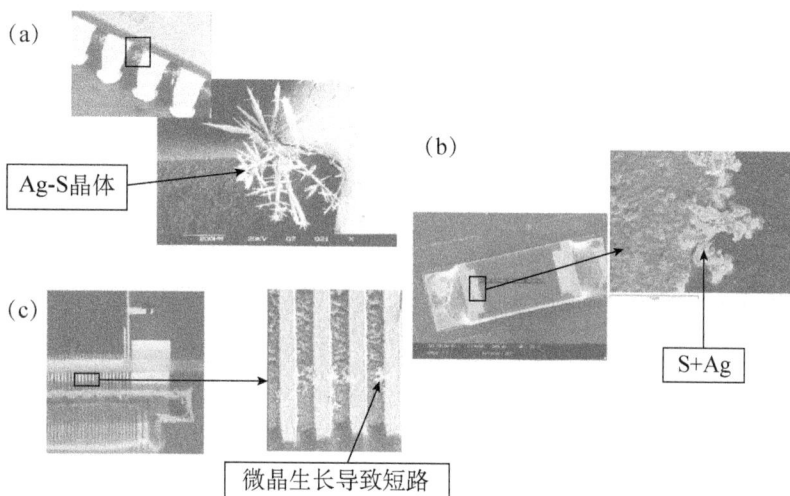

图 13.9　由硫化导致腐蚀的各种电子器件（英国 ERA Technology）

（a）冶金所设备中 IC 内部 Ag/Pd 厚镀层的硫化；（b）硫化导致的断线；（c）ITO 连接部的短路

作为典型案例，在 Cu 板上使用无铅焊料浸焊后进行气体腐蚀[10]。图 13.10～图 13.12 分别为盐水喷雾试验，NO_2 气体腐蚀试验，大气暴露试验的结果。根据盐水喷雾实验的结果，无论什么焊料，腐蚀都很严重，根据元素分析，发现 Sn-Ag-Cu 焊料中的 Sn, Sn-Zn 系的 Zn, Sn-Pb 系的 Pb 与盐水反应形成了氯化物。NO_2 气体实验结果为在 1ppm 浓度下焊料或多或少都有腐蚀，但大部分都不明显。在 50ppm 的浓度下，腐蚀激烈进行。大气暴露试验下，所有焊料都被腐蚀。但是 Sn-Ag-Cu 和 Sn-Pb 样品中 Cu 基板腐蚀严重，Sn-Zn 组的 Cu 基板却几乎没被腐蚀，而 Sn-Zn 焊料腐蚀严重，这是 Sn-Zn 的牺牲防腐蚀作用得到了体现。

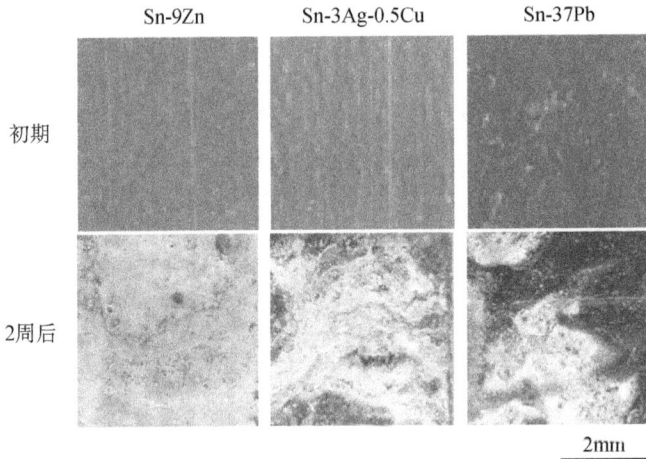

图 13.10　无铅焊料的盐水喷雾试验导致的外观变化[10]

JIS-C-0023、+35℃，盐水浓度：5wt%

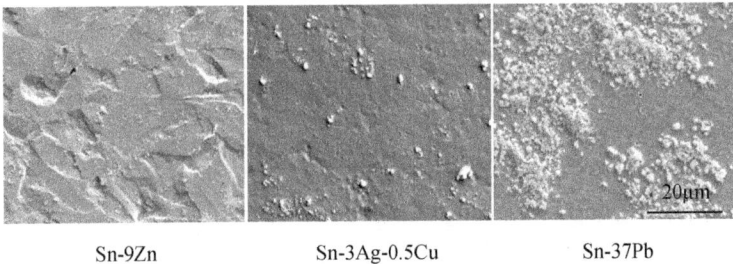

图 13.11　NO$_2$ 腐蚀性气体测试：表面及断面观察[10]

25℃/75%RH、1ppm、300h

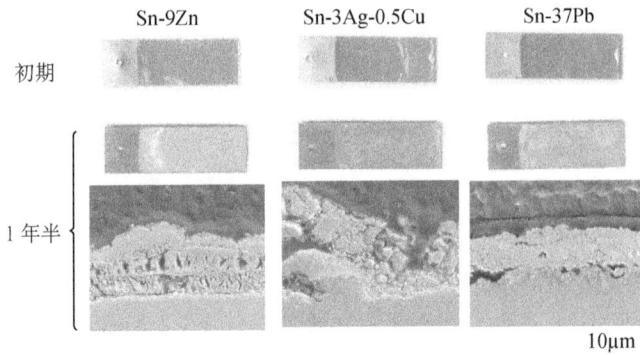

图 13.12　大气暴露试验导致的外观变化和断面组织（神奈川县平塚市东名道胁）[10]

针对软钎焊封装的腐蚀现象，报告的实例非常少，因此也没有规定标准的试验方法。表 13.1 是 JIS 规定的几个试验方法。通常的电子产品使用环境不会发生特别严重的气体腐蚀现象，但 Ag 等容易受到腐蚀的金属除外。今后，应用在车载产品等方面的器件会得到发展，为防万一，还是有必要将此方面的现象进行整理以便做出预判。

表 13.1　JIS 标准腐蚀试验方法（与 IEC 相当）

(a) 盐水喷雾实验

试验标准	盐水浓度/mass%	温度/℃	湿度/%	pH 值	试验期间/天
盐水喷雾试验 JIS-C-60028-2-11 （IEC682-11）	5	35±2	—	6.5～7.2	1，2，4，7，14，28
盐水喷雾循环试验 IEC 60068-2-52 （IEC68-2-52）	5	喷雾：15～35	—	6.5～7.2	喷雾、放置、循环数根据严苛条件取值
		放置：40±2	90～95		

(b) 单一气体实验

试验标准	气体种类	气体浓度/ppm	温度/℃	湿度/%	试验时间/天	备注
JIS C 0090，91 （IEC 68-2-42，49）	SO$_2$	25±5	25±2	75±5	4，10，21	另一测试条件：温度（40±2）℃，湿度（80±5）%
JIS H 8502		25±5	40±1	90±5	1，2，4，10	试验时间也可取 4h、8h
		1000±50	40±1	90±5	1，2，4，10	
JIS C 0092，93 （IEC 68-2-43，46）	H$_2$S	10～15	25±2	75±5	4，10，21	另一测试条件：温度（40±2）℃，湿度（80±5）%
JIS H 8620		3±1	40±1	90±5	4，10，21	试验时间也可取 4h、8h
		10±2	40±1	90±5	4，10，21	

13.5　各种试验方法

这里简单介绍离子迁移的初步检测方法——高温高湿试验方法。

首先，介绍几种简单的实验方法，水滴实验法（water drop test，WD 法）、稀薄电解液浸渍法、蜡纸给水法等。图 13.13 是 JIS 标准梳状基板和 WD 法的示意图。

使用封装基板进行评价的方法有高温高湿试验、温度循环试验、温湿度循环试验、结露循环试验、不饱和压力蒸煮试验（highly accelerated temperature and humidity stress test，HAST）等。进行这些试验时，首先需要注意的是温度上升时焊料内部和界面上发生的现象可能会变化。如第 6 章所述，室温附近焊料以晶界扩散为主，但是在 100℃附近高温下则以晶粒内扩散为主。这与腐蚀反应密切相关，这一点在加速试验时的影响尤为突出。比如以预测室温寿命为目标的加速试验如果升温，就要首先注意这种差别。遗憾的是，现在有关扩散机理的数据非常少，无法预测将要发生的扩散现象。HAST 试验虽然短时间内就可结束，但如上所述可能给基板、配线和焊料施加的是异常的负荷，应用时需十分注意。

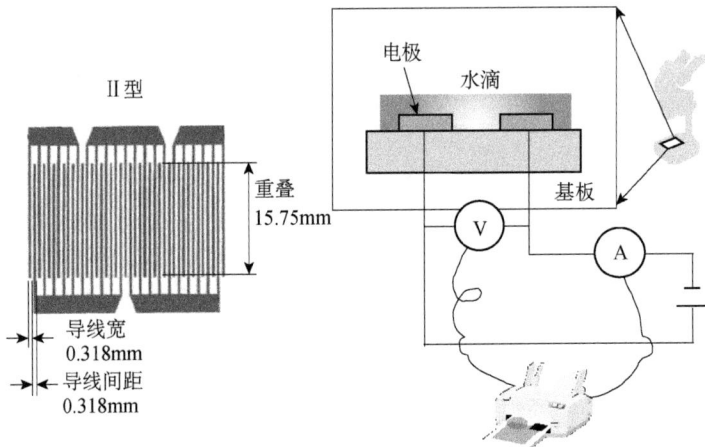

图 13.13 离子迁移试验中使用的梳状电极 II 型基板
左：JIS Z3197，右：WD 法

如果考虑更为细致的话，高温高湿试验中定时取出测试样品时，门的开关会导致温度下降发生结露或冷凝现象，结露发生后，绝对会加速腐蚀反应。为了防止结露，可以适当停止加湿并降低温度。

上述的简易试验方法虽然可以使用简单的实验设备在短时间内有效测试离子迁移的情况，但却不能正确模拟实际基板上发生的现象。也就是说，这些方法虽然可以预测离子迁移的发生，但也未必反映实际。事实上，无铅焊料封装基板的高温高湿试验，几乎不发生离子迁移现象，但简易试验方法却使其在短时间内发生了。为了弥补这个差距，还需要继续努力，如果能够解释这个差别，简易试验方法以其参数更容易变换的优点，可以期待成为有效的加速试验测试方法。

参 考 文 献

［1］安食恒雄監修『半導体デバイスの信頼性技術』日科技連出版社（2005）.

［2］菅沼克昭編著『ここまで来た導電性接着剤技術』工業調査会（2004）.

［3］M. Komagata, G. Toida, H. Hocci, K. Suzuki: Adhesives in Electronics 2000, Helsinki University of technology,（2000）, 216-220.

［4］K.-S. Kim, K. Suganuma: *J. Electron. Mater*, **35**［1］（2005）, 41-47.

［5］G. T. Kohman, H. W. Hermance, G. H. Downes: *Bell System Technical Journal*, **34**［6］（1955）, 1115-1147.

［6］松村麻子, 野口博司, 岡田誠一：エレクトロニクス実装学会誌, **6**［7］（2003）, 546-549.

［7］津久井　勤：エレクトロニクス実装学会, **6**［5］（2003）, 439-446.

［8］つる義之, 岡村寿郎, 菅野雅雄：回路実装学会誌, **10**［2］（1995）, 101-107.

［9］鶴田加一, 吉原佐知雄, 白樫高史：回路実装学会誌、**12**［6］（1997）, 425-428.

［10］田中浩和, 佐々木喜七, 加藤能久, 津久井 勤：エレクトロニクス実装学会誌, **6**［5］（2003）, 400-405.

第 14 章
Sn 晶 须

Sn 和 Zn 等低熔点金属，虽然作为镀层材料和连接材料广泛用于电子设备的制造，但也由于其熔点低的特性而产生晶须问题，最终导致产品故障[1]。20 世纪 50～60 年代中，电话交换机等社会基础设备时常因晶须问题发生故障，引发关于晶须的大量研究。虽然通过试错法发现添加微量元素 Pb 并合金化可以抑制晶须，但晶须的基本机理却没能得到阐明。2000 年后软钎焊无铅化得到发展，晶须导致的民用产品故障再次频发。另外，原本与无铅化无关的领域如人工卫星、核用原子炉等重要设备也会由晶须导致故障，使得这个问题再一次得到关注。图 14.1 是航天器的飞行控制器中产生晶须的案例。

图 14.1　航天飞机控制系统中 Sn 镀层框架上的晶须（NASA）

晶须最大长度可达 13mm

低熔点金属生长晶须的原因在于低熔点金属的原子扩散即使在室温下也异常快，在镀层上略微施加压应力就容易导致晶须发生。这种压应力的产生原因与电子产品所在的环境有关。晶须问题从根本上来说是属于"偶发、突发及无法预测"的现象。现在，世界各著名大学和研究机构都在用最先进的分析技术来试图解明其发生机理。本章将介绍目前已经解明的生长机理及其评价要点。

14.1　Sn 晶须产生的五种基本环境及其理解

晶须形成和生长的基本驱动力是室温附近元素的快速扩散，在某种环境因素影响下元素由镀层内部向表面扩散，然后在镀层表面形成晶须而生长。以环境条件进行分类，晶须生长的情形可分为以下五类：

（1）室温下产生的晶须；

（2）温度循环引起的晶须；

（3）氧化、腐蚀引起的晶须；

（4）外界压力导致的晶须；

（5）电迁移引起的晶须。

这些条件导致晶须发生的共同点都是产生了镀层内应力从而促进元素扩散，本章主要介绍（1）～（4）的情况，对应生长机理如图 14.2 所示[2]。

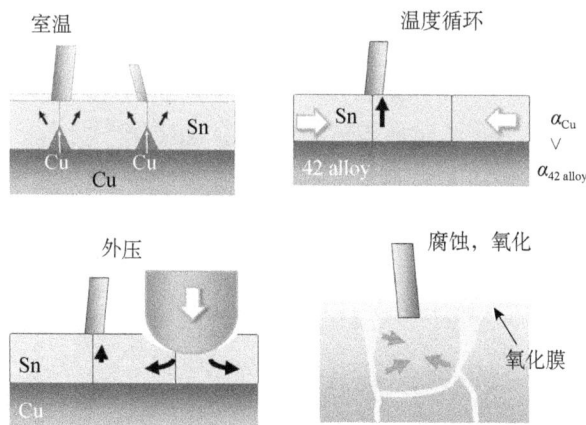

图 14.2　Sn 晶须的 4 种生长机理

另外，电迁移也可能导致晶须发生

14.2 室温下晶须的生长

室温下发生的晶须呈直线生长但有时会弯折，图 14.3 就是典型的室温晶须，此种晶须在没有加速因素条件下仅处于 25℃ 左右的室温就能很快生长。室温晶须是由于 Sn 镀层与 Cu 界面发生反应形成 Cu_6Sn_5 化合物，发生体积膨胀从而导致镀层内压力增大长出晶须。此外生成的锥状化合物也会促进晶须的生长。图 14.4 是含镀层 Cu 基板上锥状 Cu_6Sn_5 晶粒的分布状态，Cu_6Sn_5 在 Sn 镀层与 Cu 基板的界面上沿着 Sn 镀层晶粒边界进行生长。这是因为 Cu 原子沿 Sn 镀层晶界扩散较快导致的。

图 14.3 室温下 Cu 引线框架上的 Sn 晶须

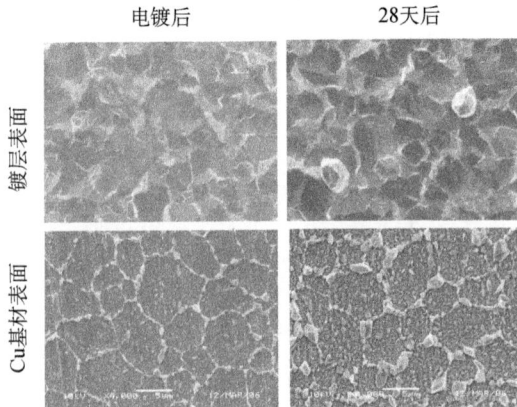

图 14.4 Cu 板镀纯 Sn 后化合物的分布状态（SEM 图像）
上段：镀层表面；下段：酸洗去除镀层后的组织

基板为 Ni 时，由于 Ni 和 Sn 的化合物生长很慢，且生成的化合物为板状，晶须几乎不发生。因此用 Ni 作打底镀层可抑制晶须的产生。黄铜和 42 合金与 Sn 也很难发生反应，也不会发生室温晶须[3]。为防止 Cu 基材上晶须的产生，可以进行热处理使整个界面形成层状化合物，以减慢 Cu 的扩散。具体操作方法是在 150℃进行热处理或回流焊处理，就可有效抑制室温晶须的生长。

14.3　温度循环（热冲击）作用下晶须的生长

在温度循环和热冲击作用下产生的晶须，是使用与 Sn 镀层的热膨胀率相差较大的材料（如 42 合金电极和陶瓷基板时），常常遇到的问题。这些材料由于膨胀率低，在 Sn 镀层中引起压应力（升温过程中），进而导致晶须的生长。图 14.5 是陶瓷基被动元件电极上发生晶须的一例。温度循环下发生的晶须，并不是直线生长，其生长方向呈大弧度弯曲延伸。这一生长机理在很长时间内都得不到解释，详细的组织分析如图 14.6 所示，可以看出 Sn 晶界不断地产生裂纹和氧化[4]。晶须的侧面可以看到形成了年轮状的纹路，这是温度循环下晶须的特征（图 14.7）。此外，Cu 引脚器件的热膨胀系数与 Sn 相近，因此几乎不发生晶须生长。

图 14.5　陶瓷电子器件的电极由于温度循环产生的 Sn 晶须

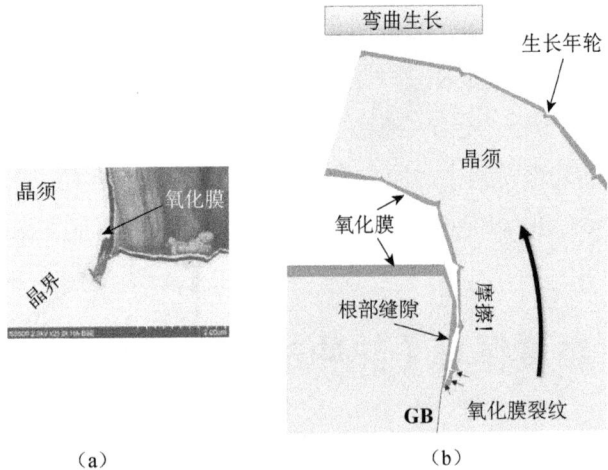

弯曲生长

生长年轮

晶须

氧化膜

根部缝隙

摩擦!

氧化膜裂纹

GB

晶须

氧化膜

晶界

（a）　　　　　　　　　　　　（b）

图 14.6　（a）大气中温度循环产生的晶须根部 SEM 像和 Sn 晶界的裂纹及氧化状态（SEM）；
（b）晶须生长的机理[4]

ウィスカ根本

图 14.7　大气中温度循环而产生的晶须表面的"年轮"（1500 循环）

此晶须每经一次循环生长 200nm

一般加速试验在低温-40℃、高温 80℃或 125℃的温度循环内进行，受基板选择的影响较大，但上限温度在此范围内设定为好。利用艾林模型（Eyring model）对陶瓷芯片器件镀层的寿命进行评价，推测 50μm 长的晶须需要经过 100 年的生长[5]。

14.4　氧化腐蚀晶须的生长

前节的室温晶须生长不会受到温度的影响，同样，轻微的湿度变化也不会对其产生影响。但环境中过大的湿度也会导致 Sn 的异常氧化，形成的不均匀氧化膜会导致镀层中产生应力。这一氧化腐蚀现象导致的晶须生长有时会和室温晶须混淆，因此进行室温晶须实验时必须予以注意。否则高湿气氛导致的氧化晶须发生，会造成如 150℃热处理退火和 Ni 打底镀层对晶须抑制无效的错误结论。类似的因没有正确区分晶须评价的环境条件，从而导致误判的情形还有很多。在长时间高温高湿环境下进行晶须评价时，会定期观察试验样品。但是如果在温度、湿度都很高的情况下直接打开炉门，会导致结露现象。结露会导致腐蚀，因此在定期观察时必须要降低炉内湿度后再将试验样品取出。

　　图 14.8 是无结露情况下，经各种条件的高温高湿试验后统计的晶须最大长度实验结果[6]。有趣的是，在室温下不发生晶须的试样在 85℃/85%RH 的严酷条件下也不发生晶须生长。晶须生长最为明显的是 60℃/93%RH 的试验条件。另外，晶须生长很多情况下具有潜伏期的特性，有时经过毫无变化的 2000h 后晶须才开始生长。实际上，湿度条件对于 Sn-Pb 合金镀层也同样会产生晶须，因为 Pb 对抑制氧化没有作用。另外一个有趣的现象是有些器件在单独测试时会观察到晶须生长，但同样的器件封装在基板上去测试却不会产生晶须现象，为什么会出现这种差异现在还没有非常合理的解释。一般认为封装采用的助焊剂留下的残余物能够覆盖表面而起到保护作用，但与此同时，助焊剂残留又可能引起腐蚀，因此对其作用仍有疑虑。不止镀层，焊料自身都会发生晶须生长。所以除器件自身外，对于封装基板上的焊点也需引起注意。

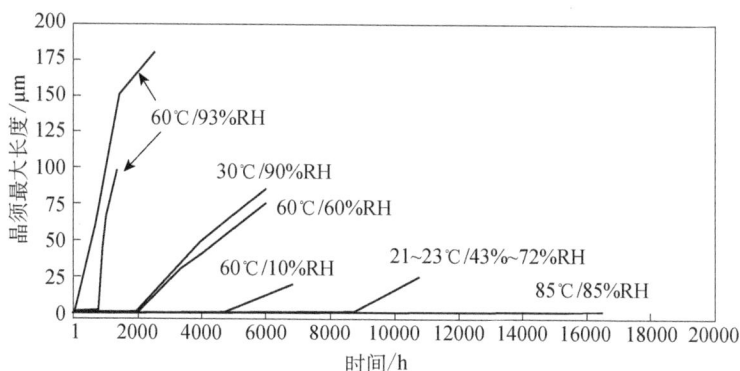

图 14.8　各种环境中 Sn 晶须生长的时间变化[6]

对于比纯 Sn 更容易氧化的合金元素，其有可能沿着表面、界面和晶界进行扩散从而产生氧化 [7, 8]。

美国的 iNEMI 对氧化腐蚀晶须的各种条件进行了评价，其温度湿度的影响结果如表 14.1 所示 [9]。虽然尝试建立腐蚀晶须的生长模型，但还是不完善，无法预测晶须生长的最大长度。助焊剂和合金元素对氧化的影响很大，可以期待作为抑制氧化腐蚀晶须的对策。实际上 Zn 的微量合金化作用已初见成效 [9]。

表 14.1　iNEMI 评价的腐蚀晶须发生条件

温度/℃	湿度/% RH			
	10	40	60	85
30	N	—	N	C, W
45	—	—	C, W	—
60	N	N	C, W	C, W
85	—	—	—	C, W
100	—	—	C, W	—

N：腐蚀及晶须都不发生；C：腐蚀发生；W：晶须生长

14.5　外界压力作用下晶须的生长

Sn 晶须作为无铅化过程中的问题，突出表现在微小间距的封装互连中。带有 Sn 或 Sn-Cu 镀层端子的柔性电缆插头的连接处经常因此而出现故障。20 世纪 50 年代曾出现的严重晶须问题，在无铅化过程中又一次重蹈覆辙。可以说，60 年前所发生的晶须故障并没有从本质上得到解决。

图 14.9 是带 Sn-Cu 镀层的插头侧发生的晶须生长 [10]，首先可以看到插头前端部分的 Sn 镀层发生了很大的塑性变形，接触点附近出现了绳结状的晶须。这种 Sn 晶须组织的特征是：除了变形区的绳结状晶须，在距离接触点一定距离的无变形表面上也大量存在。图 14.10 总结了镀层种类、内应力、回流焊处理等对晶须生成的影响 [11]。回流焊的影响很复杂，最近也有研究使用有限元方法的 CAE 软件对外压作用下晶须生长的各种参数进行预测的报道 [12]。也有报告称 Sn 双晶变形对晶须生长有影响 [13]。

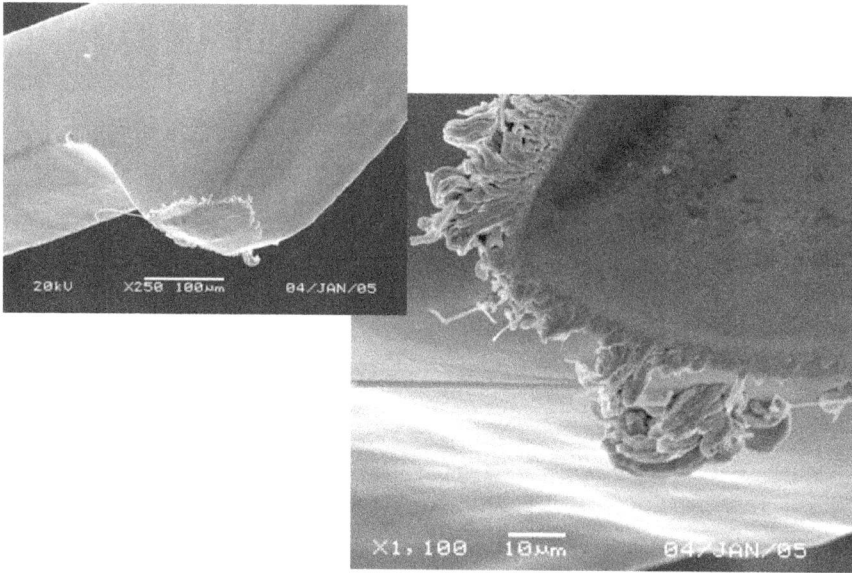

图 14.9　镀层接头/Au 柔性基板上的 Sn 晶须（SEM）

接触镀层：Sn-Cu回流焊无　Sn-Cu回流焊有　　Sn-Pb回流焊无

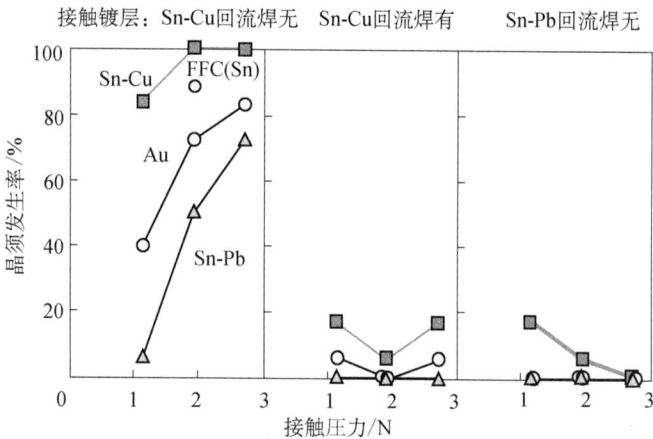

图 14.10　接触压力对晶须发生的影响

各镀层厚 3mm，Sn-1.5Cu/Ni，Sn-10Pb/Ni，柔性基板厚 0.3mm

14.6　今后的晶须研究

本章简单介绍了 Sn 晶须形成生长的研究现状。虽然在 20 世纪 50～60 年代时，产业界和大学等研究机构对晶须的生长进行了研究，但都没有在机理的理解方面获得实质进展。自 2000 年开始，软钎焊的无铅化使发生的晶须问题再次得到重视，全球开始运用最新知识和先进设备从晶须的基础问题开始进行研究。基于此，有关 Sn 晶须生成机理的数据已得到初步积累，根据形成机制提出的晶须抑制措施也有了几个提案。但是为了保障产品的可靠性，在阐明形成机制之外，还存在保证产品寿命和建立可靠性试验方法的难题。特别是今后的无铅化会扩展到可靠性要求更高的车载设备、宇航产品等领域，以及高附加值的健康、医疗等方面。对于 Sn 晶须的基础生长机理以及高适用性的晶须抑制对策等，今后会有更多的研究成果得以期待。

参 考 文 献

［1］ H. L. Cobb, Monthly Rev. Am. Electroplaters Soc., **33**（1946），28-30.

［2］ 菅沼克昭『はじめての鉛フリーはんだ付けの信頼性』工業調査会（2005）.

［3］ 金橦銖，菅沼克昭，寄門雄飛，李奇柱，阿龍恒，辻本雅宣、銅と銅合金? **49**（2010），122-115.

［4］ K. Suganuma, A. Baated, K. -S. Kim, K. Hamasaki, N. Nemoto, T. Nakagawa, T. Yamada, *Acta Materialia*, **59**［1］（2011），7255-7267.

［5］ 岡田誠一，樋口庄一，安藤嘉浩；2003 年第 13 回 RCJ 電子デバイス信頼性シンポジウム資料，（2003）.

［6］ J. W. Osenbach, J. M. DeLucca, B. D. Potteiger, A. Amin, F. A. Baiocchi；*J Mater Sci: Mater Electron*, **18**（2007），283-305.

［7］ K. -S. Kim, T. Matsuura and K. Suganuma；*J. Electron Mater.*, **35**［1］（2006），41-47.

［8］ K. -S. Kim, T. Imanishi, K. Suganuma, M. Ueshima, R. Kato；*Microelectronics and Reliability*, online 8 September, **47**［7］（2007），1113-1119.

［9］ Jack McCullen, JIC Meeting, June 4-5, 2007, Singapore

［10］ 林田喜任，高橋義之，大野隆生，莊司郁夫；第 15 回マイクロエレクトロニクスシンポジウム（MES2005），エレクトロニクス実装学会，（2005），213-216.

［11］ 森内裕之；エレクトロニクス実装学会誌，**9**［3］（2006），143-146.

［12］ 渋谷忠弘，山下拓馬，干強，白鳥正樹，萩生太一，大下文夫，大岩和久；第 16 回マイクロエレクトロニクスシンポジウム（MES2006）、エレクトロニクス実装学会，（2006），199-202.

［13］ 水口由紀子，村上洋介，冨谷茂隆，浅井　正，気賀智也，菅沼克昭；電子情報通信学会論文誌，**J95-C**［11］（2012），333-342.

第 15 章
电　迁　移

一直以来，电迁移（Electromigration）都是半导体互连线产生严重缺陷的主要原因，因此对其机理和抑制手段的研究也一直都在进行。目前研究人员已大概了解了其产生机理，并有相应的解决方法。电迁移的历史可追溯到 1861 年。随着半导体器件的微型化，互连线中的电流显著上升，现在的超大规模集成电路（very large scale integration，VLSI）中的 Al、Cu 互连线仅有 0.1μm 宽和 0.2μm 厚，即使只有 1mA 的电流通过，其电流密度也能达到 $10^6A/cm^2$，这时只要温度稍微上升就容易发生电迁移。那么，焊料的情况又如何呢？目前连接部分的面积还比较大，即使用于窄间距互连（fine pitch）中的焊点直径也有约 200μm 以上。但是随着半导体器件的微型化及封装互连的高密度化，焊点的连接面积也在朝着微小的方向发展。比如在倒装芯片技术中，直径 100μm 的凸点（bump）需要流经 0.2A 的电流，在最先进的器件中此直径甚至小到 50μm。这样一来，凸点内的电流密度也可达到 $10^4A/cm^2$，成为今后的一大问题。另外，电力变换用功率半导体器件在向大功率高频率发展的同时，也在向小型化急速发展。因此不仅是微连接，电力变换器件中也需考虑电迁移的影响。

本章主要介绍软钎焊连接中的电迁移。虽然目前相关研究成果并不十分充分，但仍希望能为今后的研究提供指导。

15.1　焊料的电迁移原因

电迁移的驱动力是"电子风"（electron wind），图 15.1 是其作用方式的示意图。电流通过时电子形成了强烈的流动场，原子被这种"风"所作用产生迁移，该模型已经被第一原理计算所证实。

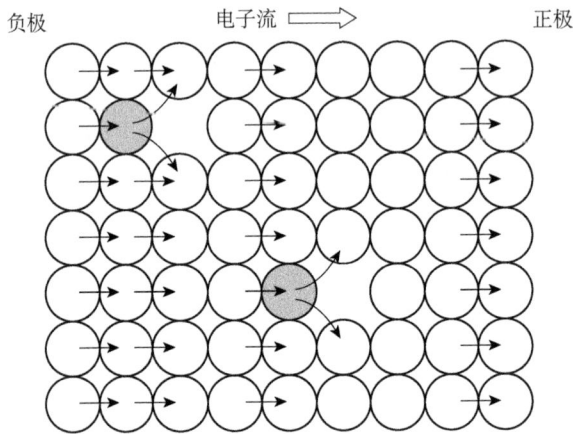

图 15.1　电迁移由强烈的电子流推动原子进行扩散

灰色的原子凭借"电子风"作用不断占据空位，进行扩散

电场 E 中带有 Z^* 的有效电荷的原子所受到的力 F_{em} 为 [1]

$$F_{em} = Z^* eE \tag{15.1}$$

式中，e 为电子所带电荷。金属的情况下电场可写作电流 j 和电阻 ρ 的积

$$F_{em} = Z^* e\rho j \tag{15.2}$$

式中，Z^* 是一个较难判断的参数，常用"散乱截面积"来表示，描述电子在撞击原子时需要多大的动能才能引起原子的移动。基于此可以计算原子的通量 J_{em}（单位时间内通过单位面积的原子数，原子（$cm^2 \cdot s$））

$$J_{em} = C\,(D/kT)\,F_{em} = C\,(D/kT)\,Z^* e\rho j = n\mu_e eE \tag{15.3}$$

式中，C 为单位体积内的原子密度；n 为单位体积内的电子密度；(D/kT) 为原子的流动性；μ_e 为电子的流动性；D 为扩散系数；k 为玻尔兹曼常量；T 为绝对温度，另外，此处库仑力的作用较小可忽略不计。如前章所述，D 是

与温度有关的函数，使用式（15.3）可以预测原子的移动程度。假定原子移动后形成晶格空位缺陷，进而形成孔洞，最后焊料断裂，就可用式（15.3）进行预测。

大规模集成电路（large scale integration，LSI）的 Al、Cu 互连线中电迁移发生时电流密度为 $10^5 \sim 10^6 A/cm^2$，焊料位置的电流密度要低一些，为 $10^3 \sim 10^4 A/cm^2$。两者配线的直径数量级不同，成为目前窄间距互连中的大问题。

如上式所示，电迁移受原子本身移动速度的影响。在 Sn 中扩散较为迅速的元素有 Cu、Ag、Ni 等，如果使用这些材料作为电极，电迁移就有可能引发故障。这些元素移动速度很快的原因在于它们并不能固溶于 Sn 中，而是通过晶格的间隙进行移动。而 Sn 为体心四方（bct）晶体结构，晶格间隙较大，因此 Ni 类的元素可在其中高速扩散。

15.2　焊接界面的影响

电迁移并不是单独存在的现象，一定会伴随着热扩散、温度梯度和应力场的影响。所以当考虑复杂的封装形式时，需要明确各种因子的作用再进行考察。

首先以单纯界面为例。图 15.2 是 Sn/Ag/Sn 的三明治互连结构界面上电迁移的影响[2]。电子从左向右流过，左侧界面的金属间化合物层变厚，而右侧则变薄了。这样就造成了化合物生长的差异，这种厚度的差异是由热扩散和电迁移的不同耦合作用引起的。在左侧，热扩散引起的化合物生长方向和电迁移促进扩散引起的生长方向相同，所以化合物增厚，右侧则两者方向相反，部分抵消，所以化合物层变薄。回流焊形成的反应层较容易受到电迁移的影响，有时会整层消失。图 15.3 就是 Sn-Ag-Cu 焊球焊接后对面电极的金属间化合物状态[3]。这种情况下，负极的化合物消失，正极则变厚。

Sn 系的软钎焊界面，几乎都会受到电迁移的影响，而 Zn/Ni 和 Bi/Ni 系则不受影响。Sn/Ni 和 Sn/Cu 系焊料的界面化合物成长方式也有所不同，前者是 Sn 和 Ni 两者扩散共同作用，后者的主角则是 Cu 的扩散。

负极侧

正极侧

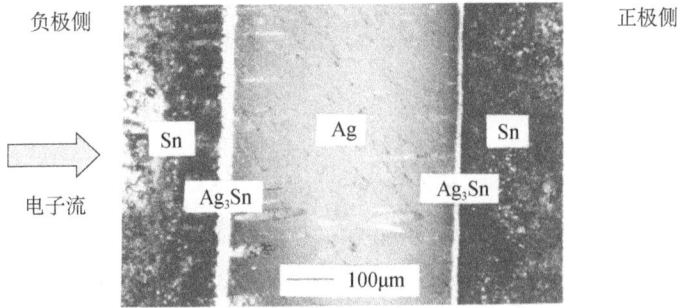

Sn

Ag

Sn

电子流

Ag₃Sn

Ag₃Sn

100μm

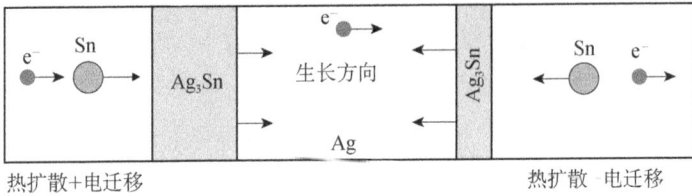

e⁻ → Sn

Ag₃Sn

e⁻ →

生长方向

Ag₃Sn

Sn

e⁻

Ag

热扩散 + 电迁移

热扩散 - 电迁移

图 15.2　Sn/Ag/Sn 互连界面施加电流后界面组织的变化 [2]

140℃、500A/cm² 的条件下经过 15 天

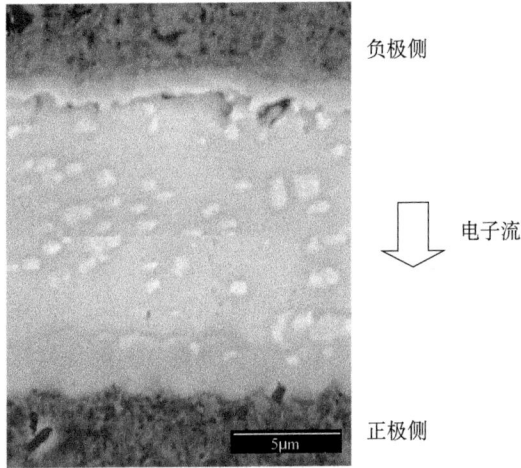

负极侧

电子流

5μm

正极侧

图 15.3　电迁移对 Sn-3.8Ag-0.7Cu 焊球连接部界面组织的影响 [3]

4×10⁴A/cm²、150℃下时效 35min 后的组织

　　根据温度的不同，扩散的快慢也有可能变化。图 15.4 是两个 Cu 电极通过 Sn-Pb 共晶焊料连接，在不同温度下通入电流后测量 Sn 浓度的变化，无论是哪一组，在室温时 Sn 向正极扩散，150℃则是 Pb 向正极扩散。这就是温度对元素扩散的影响。

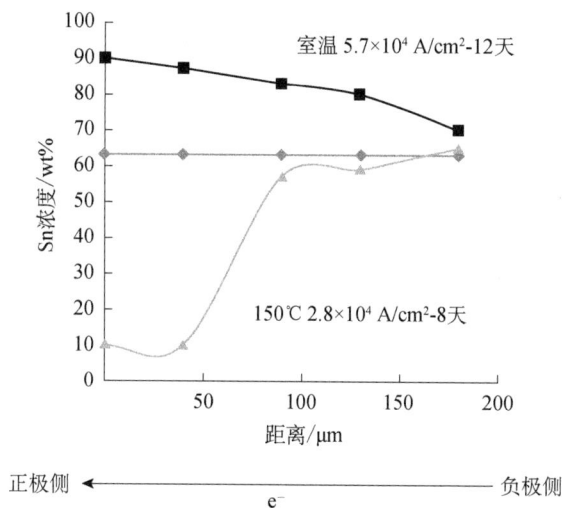

图 15.4 Sn-37Pb 焊料连接处的 Sn 浓度分布（UCLA 的 K.N.Tu 教授）

15.3 倒装芯片互连的电迁移

电迁移是高度集成化和窄间距化的倒装芯片互连中最大的问题，特别是在伴有发热的情况下温度上升会进一步加剧。倒装芯片有其特殊的连接形状，如要计算其中流过的电流，可参考图 15.5[3]。本章开始时介绍过倒装芯片中流过的平均电流密度约为 $10^4 A/cm^2$，但从局部来看，流入焊球的电流要高于这一水平，特别是在焊球的肩部位置。因此，缺陷集中在电流密度高的部位生成，易于发生失效。图 15.6 就是电迁移前后化合物生长的对比示例[4]。Cu 互连线中电流密度较高的左肩部分几乎消失，形成了金属间化合物。更严重的情况如图 15.7 所示，接头部分会形成孔洞[3]，这是由于电流密度高的地方 Sn 扩散也快，晶格中产生空位，空位进一步聚集就会产生孔洞并生长。孔洞会从焊球肩的一侧向另一侧横方向扩展生长，其原因是孔洞形成后电流集中处也会横移，图 15.8 是其生长机理的示意图。

β-Sn 晶体具有各向异性，原子的扩散受到晶体取向的影响很大。这一特性影响着其在微型互连上的性能。因为细小的焊球常常只包含几个晶粒，其晶体取向直接影响到电迁移的效果。图 15.9 就是其中典型一例[5]，此例中同

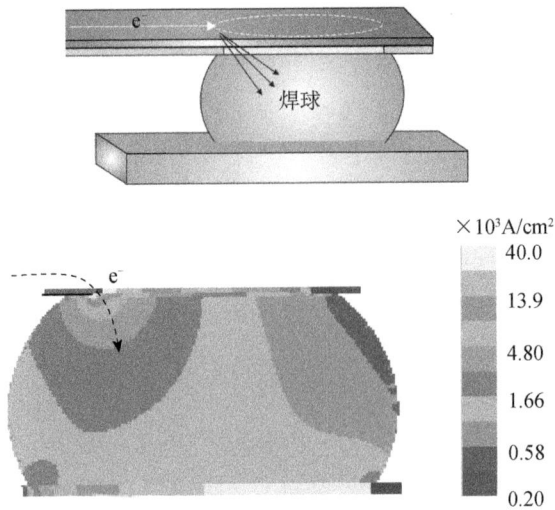

图 15.5　倒装芯片焊球连接部的电流密度分布[3]

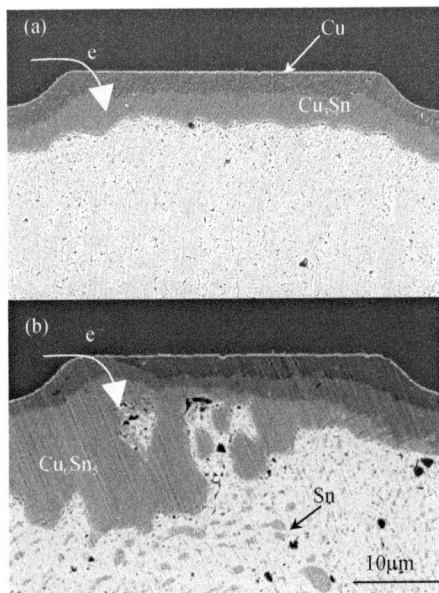

图 15.6　Pb-3Sn 倒装芯片连接处的电迁移（$2.55 \times 10^4 A/cm^2$、155℃）[4]

（a）初期；（b）12h 后

样的焊球在倒装芯片互连中，寿命却大不相同，实际上这样的例子还有很多。对图 15.9 的截面组织进行分析，发现（b）中焊球连接部分下部的 Cu 线已完全消失。利用 EBSD 可以分析得到焊料内部 Sn 晶粒的取向，如图 15.10 所示，

（b）中 Cu 扩散很快，是因为 Sn 晶粒的 c 轴与电流方向平行，而在长寿命的
（a）中，其晶粒的 c 轴与电流方向垂直。因此在微焊球互连中如果出现这类粗
大晶粒，各向异性对电迁移劣化的影响很大。

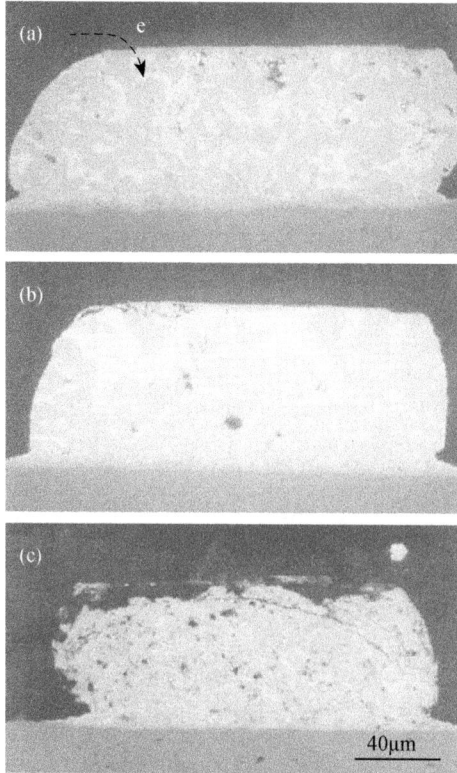

图 15.7　Sn-Pb 焊料凸点 125℃下的孔洞生长（2.25×10^4A/cm^2）[3]

（a）37h；（b）38h；（c）43h

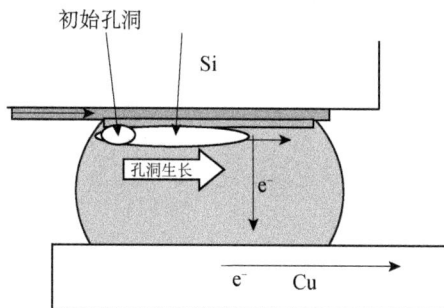

图 15.8　倒装芯片中电迁移导致的孔洞生长机理 [3]

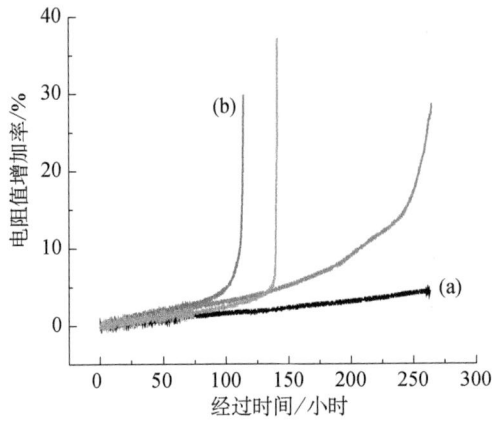

图 15.9　相同 TEG 中 Sn-Ag-Cu 焊球连接处的电迁移寿命[5]

电流密度：15kA/cm^2；温度：160℃

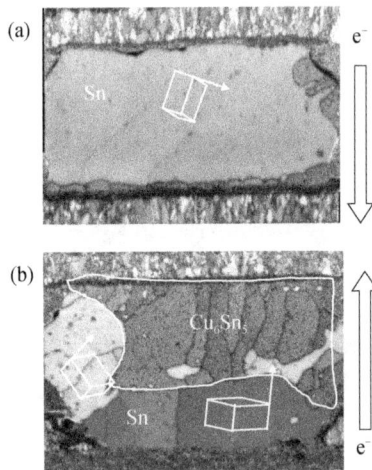

图 15.10　图 15.9 中焊料截面组织的 EBSD 分析结果[5]

立方体的箭头指示了 Sn 的 c 轴方位。（a）尚未破坏的凸点。Sn 晶粒仅一个，c 轴与电流方向垂直；（b）早期破坏的凸点。Sn 晶粒有两个，其中一个 c 轴与电流方向平行，其下部的 Cu 配线消失

15.4　电迁移的总结

　　焊料的电迁移虽在很早之前就已被发现，但是其现实意义仍体现于当今高密度化、微窄间距化及散热困难的软钎焊中。比起 Sn-Pb 共晶焊料，一般无铅焊料较难发生电迁移。抑制电迁移的方法：一是在设计时尽量不要使用过高电流密度；

二是从材料方面来说,尽量不要使电流方向与 Sn 晶粒的 c 轴平行。作为例证之一,往 Sn 中加入 In 进行合金化的报道如图 15.11 所示 [6]。在 Sn-In 合金中调整 In 的含量,Cu/Sn-In/Cu 互连体的电阻值会发生变化。纯 Sn 的电迁移破坏时间很短,晶粒也很粗大。但是加入 In 后晶粒显著变细小,同时寿命也得到了延长。因此,如果不能控制晶粒的取向,使晶粒细化也是防止 c 轴与电流方向平行的方法之一,可以作为抑制电迁移的对策。不仅限于 In,希望能开发出具有普遍价值的合金设计。

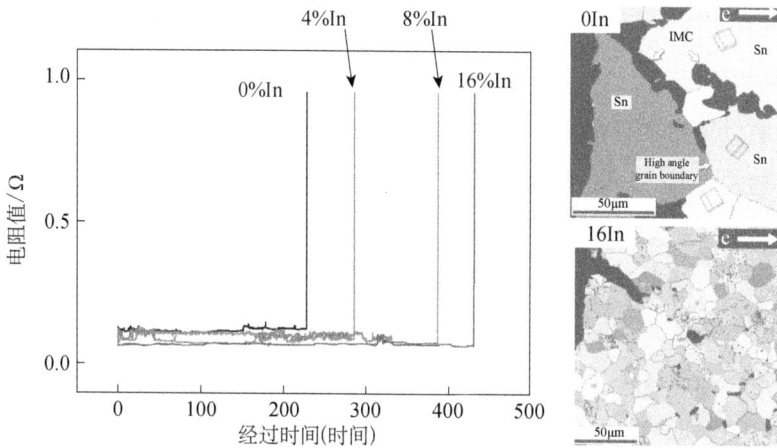

图 15.11 Sn-In/Cu 连接界面的电迁移劣化的 EBSD 解析 [6]

电流密度:$10^4 A/cm^2$,温度:140℃

焊料的电迁移中,未研究清楚的部分还有很多。孔洞的形核及生长速度的预测还没得到明确,化合物的生长也会左右焊点的寿命。求出各种缺陷的生长系数,对寿命的预测非常必要。认真总结电迁移的影响和产生条件,可以在很大程度上确保连接的可靠性。

参 考 文 献

[1] H. B. Huntington, A. R. Grone:*J. Phys. chem. Solids*, **20**,(1961),76-87.

[2] C. -M. Chen, S.-W. Chen:*J. Electron. Mater.*, **28**[7](1999),902-906.

[3] K. N. Tu:*J. Appl. Phys.*, **94**(2003),5451-5473.

[4] J. W. Nah, K. W. Paik, J. O. Suh, K. N. Tu:*J. Appl. Phys.*, **94**(2003),7560-7566.

[5] K. Lee, K. -S. Kim, K. Suganuma, Y. Tsukada, K. Yamanaka, S. Kuritani, M. Ueshima;*J. Mater. Res.*, **26**[3](2011),467-474.

[6] K. Lee, K. -S. Kim, K. Suganuma;*J. Mater. Res.*, **26**[20](2011),2624-2631.

结　语

　　本书以无铅软钎焊为中心，介绍了从软钎焊基本现象到各种封装可靠性测试的相关内容。2000 年以来，对于以前无法解释的很多现象，世界范围内的优秀研究者利用最新的分析技术和理论方法进行尝试，已经解明了一些机理，如黑焊盘、晶须和电迁移等现象。另外，新的可靠性评价方法也接连出现。特别是困扰了人们长达 50 年之久的晶须问题在近几年得到了集中研究，取得了不少进展。这些珍贵的信息将是新时代产品可靠性得以提升的保证，也是向市场提供高附加值产品的关键。

　　对于封装的无铅化，研究人员需要一边仔细观察发生的现象一边改进制造工艺。这其中，可靠性评价方法的重要性再怎么强调也不为过。随着产品可靠性的要求进一步提升，评价技术的进步和可靠性数据库的建立迫在眉睫。但是，当今产品制造技术更新换代的速度很快，可靠性评价技术的更新跟不上制造技术的发展也是事实。本书虽然介绍了几种可靠性评价技术，但实际上还有许多难题留待解决。

　　日本和西欧、美国等发达国家和地区一样，生产工厂都转移到制造成本较低的国家，制造技术的发展处于停滞。日本技术开发的目标不应只局限于国内，而是需要与其他发达国家一较高低，尤其要与致力于技术突破的韩国和中国一争高下。特别是目前在亚洲，韩国、中国都大力推动新技术的发展，封装实力都在急剧增强。

　　实用技术的推进发展，无法脱离基础研究，二者之间相辅相成互相促进。特别是可靠性分析与保障，如果没有解明机理就不可能得到新的解决方案。

这一点，美国和欧洲的产学研行政体制异常完备，往往是新制造技术和新可靠性评价技术齐头并进。而日本则是制造技术先行，与欧美相比可靠性评价技术滞后，造成了今天的危机。现在开始要想在短时间内挽回这个局面，就需要明确目标并付出艰辛和努力。

最后，产品制造能力和可靠性分析能力必须面对新的技术开发方向，这些需要奋力开拓的领域包括：

超窄间距（50μm 以下）；

高频利用领域（数十 GHz）；

高强度封装技术（耐蠕变、耐热机械疲劳）；

低温焊料技术的建立（100℃封装）；

超高温焊料的确立（耐热 250℃）。

无论哪一个课题都极具挑战。但为了引领时代，领导世界的封装技术，这些关键领域就必须得到突破。希望这些课题能尽早得到解决，成为新时代的主流。